每天进步1%

个人成长的底层逻辑

日记星球　编著

中国铁道出版社有限公司
CHINA RAILWAY PUBLISHING HOUSE CO., LTD.

图书在版编目（CIP）数据

每天进步 1%：个人成长的底层逻辑 / 日记星球编著.

北京：中国铁道出版社有限公司，2025.3. -- ISBN

978-7-113-31769-0

　　Ⅰ. B848.4-49

中国国家版本馆 CIP 数据核字第 20246P4N91 号

书　　名：**每天进步 1%——个人成长的底层逻辑**
　　　　　MEI TIAN JINBU 1% : GEREN CHENGZHANG DE DICENG LUOJI

作　　者：日记星球

责任编辑：巨　凤　　　　　　　电话：（010）83545974
装帧设计：清美百川
责任校对：苗　丹
责任印制：赵星辰

出版发行：中国铁道出版社有限公司（100054，北京市西城区右安门西街 8 号）
印　　刷：三河市宏盛印务有限公司
版　　次：2025 年 3 月第 1 版　　2025 年 3 月第 1 次印刷
开　　本：880 mm×1 230 mm　1/32　**印张：**6　**字数：**100 千
书　　号：ISBN 978-7-113-31769-0
定　　价：59.00 元

在现代社会，个人成长不仅仅是一个流行的词汇，更是
成功与幸福的基石。无论你是在职场中追求晋升，还是希望
改善个人生活，个人成长的旅程都是不可或缺的。本书的目
标是为读者提供一套全面的个人成长指南，帮助读者在各个
方面实现自我提升和变革。

首先，社交能力在现代职场和生活中起着至关重要的作
用。第 1 章剖析了职业生涯发展与创业道路上的核心要素，
诸如凭借坚持不懈的努力来构建稳固的信任桥梁，坚守真诚
与本色，并高度重视家庭与团队的协同作用。同时，还强调
了个人不断进步的重要性，尤其是在遭遇挑战时，如何利用

阅读、学习及高效的时间管理技巧来增强自身实力。

职场晋升是每个职场人士的目标。第 2 章提供了一套核心方法来实现这一目标，探讨了如何设计人生、找到热爱，并通过迎难而上的姿态，从挫折中成长。通过明确热爱、信念与行动的结合，能够持续自我超越，实现个人职业和人生的目标。这一章不仅关注职业技能的提升，还强调了在面临困境时的应对策略，帮助读者在压力下保持坚韧。

情绪管理也是成功的重要组成部分。第 3 章深入探讨了如何修复情绪化沟通、保持觉知，以及如何通过有效的家庭教育来实现亲子共成长。我们需要直面自己的内心需求，通过站在他人角度思考问题来提升沟通技巧。书中提出的"以情动人"的方法，将帮助读者在情感交流中更具理解和同理心，从而改善人际关系和家庭生活。

培养成长心态是提高效率的关键。第 4 章提出了培养成长心态、放下得失心和坚持努力的重要性。通过对心态的调整，读者能够从生活的挑战中汲取力量，持续提升自我。这一章还探讨了如何克服内耗、提升执行力，实现人生的转变。通过坚持努力，读者可以不断突破自我，追求财务自由和个人成就。

写作是个人成长的一个重要方面。第 5 章强调了学会写作的重要性，以及如何通过写作实现价值转化和事业的突破。坚持写作不仅可以帮助我们记录生活、克服拖延，还能通过不断输出实现自我提升。此外，掌握高效阅读的方法也至关重要，它能帮助我们在忙碌中找到宁静，提高个人的综合素质和能力。

最后，第 6 章介绍了极简行动和脚踏实地的生活方式。通过大声朗读、听多元声音和坚持运动，我们可以激活内在的智慧，保持身体和心理的健康。文中提到的健康生活方式不仅对个人成长至关重要，还能帮助我们带领社群共同成长，推广积极的生活理念。

总的来说，通过系统地学习和应用这些方法，读者能够在各个方面实现自我提升，迎接生活中的各种挑战，最终实现个人的全面成长和成功。无论你处于人生的哪个阶段，这本书或多或少可以为你提供一些指导和启发，帮助你走向更高的人生巅峰。

本书由六大模块精心构建，每一模块下细分为数篇文章，确保了流畅而愉悦的阅读体验。内容方面，汇聚了 18 位作者鲜活的成长案例，植根于个人经历，覆盖了当代青年在人际交往、职场进阶等生活多个维度可能面对的典型情境，通过剖析这些经历中的启示与成长，让读者能在其中找到共鸣，将他人的智慧融入自己的日常。

本书适合那些正处于人生关键期的读者：无论是站在高中与大学的转折点上，初入职场需要适应新环境，面对职业发展瓶颈，还是身为寻求领导力与决策力提升的高管、追求自我管理的创业者与自由职业者，乃至中年寻求职业转换，以及任何渴望自我提升、实现个人目标与梦想的人士。每一章的内容可独立阅读，读者可以从任意感兴趣的部分开始阅读。如果你在阅读过程中遇到疑问或产生思考，都可以近距离与作者进行互动对话。

编者

2024 年 10 月

第 1 章

展示个人魅力，突破社交难点

在当今社会，社交能力对个人成就起着非常重要的作用。通过阅读本章内容，你将会掌握一系列促进个人成长的策略，以便打破自我界限，拓宽在个人生活及职业领域的影响力。这些文章深入剖析了职业生涯发展与创业道路上的核心要素，诸如凭借坚持不懈的努力来构建稳固的信任桥梁，坚守真诚与本色，并高度重视家庭与团队的协同作用。同时，还强调了个人不断进步的重要性，尤其是在遭遇挑战时，如何利用阅读、学习以及高效的时间管理技巧来增强自身实力。运用这些策略，你将能够突破现有界限，进入更广阔的领域，促进职业的持续进步与个人的全面发展。

小牛妈妈，微信号：99916667。日记星球创始人，北京师范大学英语教育硕士，教育博主。连续写日记十余年，累计影响两万多人养成写日记的习惯，坚信通过写作可以改变自身状态。

01 成就自我，从朋友圈到大世界

在运营日记星球的十多年间，平台已从最初的十名参与者扩展至两万多名成员。这一成长历程，与我创业路上结识的朋友们息息相关。众所周知，在事业推进的过程中，若能获得众多朋友的助力，达成目标的概率会显著提升。那么，如何才能不断结交新朋友呢？

1. 高效关系与深层连接

过去十年，高效的人际关系对我助益良多。我深受凯文·凯利的"千名忠实拥趸理论"以及朱迪·罗宾奈特的"5+50+100 强关系人际"启发，将两者融合，形成了我的"1155 人际关系策略"。

凯文·凯利的理论指出，对于创作者，如作家、音乐家、摄影师等，只要能够吸引并保持一千名忠实粉丝，就足以维持基本生活。随着粉丝经济时代的兴起，拥有这样一群支持者，几乎可以确保生活无忧。十年来，我坚持每日写日记，通过这一方式积累了大量忠实读者，逐渐塑造了我的个人影响力。

牛津大学人类学教授罗宾·邓巴提出的"邓巴定律"认为，由于大脑容量的限制，人类能够维持的社交人数大约为 150 人。朱迪·罗宾奈特在此基础上进一步提出，一个人一生中能有效沟通的人数平均约为 155 人，包括 5 位至交、50 位密友和 100 位好友。至交是与你建立深厚情感联系、能共享人生的人；密友在生命中占据重要地位；而好友则位于至交与密友之后。

5 位至交，通常是指家人、伴侣或有过深厚交情的朋友，他们直接关乎我们的幸福感，因此应给予他们最重要的陪伴。在创业道路上，家人是我最坚实的后盾。没有他们的支持，我无法走到今天。虽然我们不住在一起，但我每天都与父母保持电话联系。在我的影响下，许多学员也开始每天向父母表达问候。

与孩子和另一半的沟通也是每天必不可少的。尤其是夫妻两地分居时，保持每天的视频沟通尤为重要，目的就是保持彼此之间的感情不淡化。

50 位密友，可能是兄弟姐妹、长辈，或者是重要的朋友、领导和团队成员等。我尽可能每周与他们沟通一次，方式比较多样化，或在重要日子发送问候信息，或约见面、逛街，或通过电话、视频保持联系。

100 位好友，他们的重要性次于前面提到的至交和密友。通常，我每月与这些人沟通一次，沟通的方式同样可以多样化。

2. 记住别人的名字

在人际交往中，能记住对方的姓名是一项重要能力，特别是在人多的社交场合。这项能力需要花费一些时间和精力去刻意练习，但事实证明，这是非常值得的。设想一下，若你日后与对方重逢或通过微信再次交流时，对方还记得过往的交集，而你却已遗忘，那将会比较尴尬。

如果你养成了每日记录新结识的人及与其交往的点滴习惯，那么下次联系时，就能更自如地开启话题，增进沟通。

　　以吴律师为例，七年前，我与丈夫一同参加了一堂家庭教育课程，她恰好坐在我们身旁。我请她为我们夫妇拍了一张合影，并互加了微信。当时她正身怀六甲，我便顺手记下了她的预产期等信息。

　　待她宝宝降生，我在微信上询问了她孩子的情况，并记下了孩子的名字。某日清晨，我在手机上看到了她发的朋友圈，便带着宝宝的名字询问孩子是否已起床。她颇为惊讶，因为很少有人会特意记住孩子的名字，而我却记得如此清楚，这让她感到既温暖又意外。因此，她觉得我是个用心之人，并成为我的 VIP 学员。七载光阴流转，我们始终保持着亦师亦友的关系。

　　每当我开设或参加其他线下课程，若人数不超过 30 人，我都能记住每个人的名字。尽管这些人大多是初次见面，但我会事先做足准备，浏览他们的朋友圈或视频号，确保能准确无误地记住他们的名字。除此之外，考虑到微信头像有时可能不够直观，我会让他们在课程当天拍下照片，以便在路上相遇时能迅速对应名字。

　　在社交场合中，记住别人名字的方法多种多样，可以采用姓名联想法，即将名字与某个名人或熟悉的人联系在一起；也可以利用面部特征法，即通过观察对方的头像或面部特征来记忆名字；职业联想法同样有效，即将对方的职业与名字相结合。

3. 平等对待身边人

人们往往自然而然地倾向于仰慕强者，而我则以一颗平常心去观察周围的人，从不抬高或贬低任何人。我深信，每个人都是独一无二的个体，都应享有平等的地位，且蕴藏着无限的潜能，犹如一座座待发掘的金矿。

以我们平台上的销冠百万导师梁家玲老师为例，她起初只是一名普通的幼儿园保育员，被家长们亲切地称为"扫地阿姨"。她最初加入我们时，我对她悉心指导，她也非常努力，最终在平台上取得了令人瞩目的成就。如今，她个人推广的学员已超过千人，并且带动了上千人养成了写日记的好习惯。

人无完人，有时我们可能会为了在外人面前展现出完美的形象而选择刻意伪装，但我始终坚持做真实的自己，保持真诚。我通过每天写日记，记录下自己的各种情绪、收获以及不完美的地方，目的是让我的朋友们看到一个更加真实的我。他们也因此更加喜欢我。

在直播时，如果身体状况不佳，我会毫不掩饰地告诉直播间的观众。比如，当直播间有人希望我提高音量时，我会直截了当地回应："因为我今天身体不太舒服，无法大声说话，还请您调高一下您手机的音量。"我不会为了迎合他人而刻意改变自己，而是选择尊重并表达自己的真实感受。也正是这种真诚和真实，让许多合伙人愿意与我携手合作。

稻盛和夫在《六项精进》中强调了"积善行，思利他"的重要性。回顾过去，平台的稳步发展，既离不开我和每位合伙人的相互扶持和坚持，又离不开每位学员的认可和信任。

4. 相信"相信"的力量

在管理团队的过程中，我倾向于赋予成员更多的信任与自主权。我深知，若想让更多人助力，就必须打破凡事亲力亲为的模式，勇于承认自己在某些领域的不足，并让更有能力的人站出来管理。

因此，我为核心团队的每位成员提供了充分的授权和广阔的成长空间，鼓励他们勇于尝试，只要他们的出发点是好的，我就会为他们提供必要的支持。犯错在所难免，目的是下次不犯错。只要肯反思，肯总结，下次就会做得更好。每当有新项目启动时，我会先体验，熟悉整个流程，然后寻找最合适的人选，将项目全权委托给他们。这样，我就能腾出更多精力和时间去关注和处理其他更为重要的事务。

中国有句古话："己所不欲，勿施于人；己所欲，亦当慎施于人。"若我们渴望拥有朋友，希望更多人助力，首先得学会成为别人的朋友。所以，我非常乐于帮助他人，享受成就他人的喜悦，这也是我人际关系融洽的重要原因。

总的来说，我是一个深感幸福的人。身边的人对我充满喜爱，给予我滋养与帮助，共同推动我成长。哈佛大学的研究指出，人际关系是影响个人幸福感最重要的外部因素。幸福与快乐的指数往往与我们的人际质量紧密相连，而人际质量的核心在于人际交往的信任。与快乐的人为伍，自己也会感受到那份快乐。

书含，微信号：liushuhan66778810。十余年教育工作经验，后转型进入企业，拥有十余年企业管理工作经验，并成为四川凉山优秀企业家。同时也是家庭教育指导师，擅长家庭关系、青少年成长教育和亲子教育指导。

02　社交进阶，友情助力个人发展

在我们的生活中，或多或少会遇到能鞭策你、帮助你成长的人。他们不仅可以在我们迷茫和遭遇困境时伸出援手，给予我们巨大的帮助，而且对我们的人生也产生了深远的影响。无论是学生时代为我们指点迷津的导师，还是职场初期赏识我们才华的伯乐，抑或是商业竞争中力挽狂澜的同事，以及人生转折点给予我们支持的伙伴，他们在我们人生的不同阶段发挥着不可或缺的作用，为我们的成长和成功提供了坚实的支撑。

自古以来，成功人士的背后往往都有他们的鼎力相助。但他们的出现并非偶然，而是缘分使然。然而，要想吸引、靠近并留住这些能鞭策你、帮助你成长的人，我们需要掌握正确的方法。

1. 良师，成就自我成长

对于年轻人而言，进入一个高质量的工作环境，并追随杰出的领导或导师，无疑是人生旅途中的一大幸事。

我从师范学院毕业时，被分配到一所学校，那里的教师团队由几位即将退休的老教师、几位新调入的青年教师，以及去年刚分配来的师兄师姐构成。我们这一批新入职的教师被大家戏称为"小白"。

老教师们对我们这些新面孔充满了关怀，时常关心我们的生活起居。师兄师姐们则肩负起了指导我们的重任。20 世纪 90 年代初，我们这些新入职的教师都住在单位宿舍里。每天晚饭后，前辈们就会组织我们玩扑克牌。那个时代，我们那里没有电脑和网络，我们的知识来源仅限于教科书、配套的教学参考书、简单的教案，以及学校订阅的几本教学杂志。

学校的老教师们上课时往往严格按照教案来讲授。我一开始也效仿这种方法，但发现每次讲课的内容总会不自觉地偏离教案，这让我非常苦恼。一次偶然翻阅学校订阅的教学杂志时，我发现杂志上刊登了许多值得借鉴的教学案例。后来，我利用业余时间又仔细翻阅了过去几年学校订阅的教学杂志，并对其中的精彩文章反复研读，做了大量的读书笔记。慢慢地，我通过实践来校正和补充自己的上课教案，就这样教了很长一段时间。事实上，我并不确定自己的教学水平究竟如何。

两年后，老校长退休了，一位从外地调来的师兄接任了校长一职。新校长上任后，我们才得知当时教育处正在开展提高课堂教学效率、减轻学生学习负担的科研活动。他指出，我们学校已经远远落后于其他学校，而且缺乏骨干教师来引领大家前进，所以他的首要任务就是培养人才。

校长在听了所有教师的课后，选择将我作为重点培养对象。（当时的我只是采用了一种与众不同的教学方式，并不知道自己的教学实力怎么样。）

那时的我，极度缺乏自信，社交能力也欠佳。然而，校长却任命我为教研组长，并让我带着一个徒弟，签订师徒协议，制订详细的培养计划。没过多久，省里的教育处计划在所覆盖的三十多所学校中筛选十名教师前往北京，进行为期半个月的进修，聆听特级教师的授课。这位新校长成功为我争取到一个名额。

到了北京后，我才惊讶地发现，在我们这十个人中，除了我之外，其他人都在自己的学校担任着领导职务。这次学习的费用非常高，几乎耗尽了全校半年的差旅预算。但正是这次学习，让我看到了充满活力的课堂魅力，学到了更好的讲课方式。

回到学校不久，教育处组织了赛课活动。我代表学校一路过关斩将，从小片区、大片区脱颖而出，最终进入了决赛。当时，几个学校的领导都对我们这所小学校能进入决赛感到惊讶。决赛时，他们特地前来听课。

那次比赛，我荣获了第二名。此后，多个学校的领导都对我产生了浓厚的兴趣，纷纷表达了想把我调到他们学校的意愿。校长也特地找我谈话，希望我能留下来。我深知他的培养之恩，因此明确表示不考虑调动。

这件事很快传到了教育处领导的耳中。他们感到十分好奇，就问这些学校的领导："你们怎么对第一名不感兴趣，反而对这个第二名感兴趣呢？"他们一致评价："第一名的课虽然表演性强，但表现能力强的人都能演绎出来；而第二名的课则充满了生命力，这是内在功底的体现。在不同的学生课堂上，会呈现出不同的生命力，这是难以复制的。"

教育处领导听完后给我们学校的校长打电话，让他把我平时的教案送过去。没过多久，校长通知我：教育处领导希望我能去处里的教研室工作，这样也可以为学校服务。他对我表示祝贺，还叮嘱我去了之后，一定要好好努力！

我问校长当时为什么会选中我去进修，校长说："如果你没有超强的学习能力和领悟力，我也不会如此用心地培养你。"

确实，想要遇到良师和机会，前提是要不断提升自己，展现自己的价值，这样才能让自己不被替代。

2. 助力，建立真挚友谊

在处里的教研室度过八载春秋后，因父亲的企业规模不断扩大，父亲需要我的帮助，我不舍地作出了辞职的决定，投身商界，步入了一个全新的行业。在公司内部，我历经财务、行政及采购等多个职位的轮换。刚到采购岗位时，每次进货我都需前往原料供应商的经营科开具发票，负责为我开票的是一位年龄相仿、言辞简洁的姐姐。

某次开票之际，她突兀地问起："你是喜欢玉石吗？"我略感诧异，回应道："何以见得？"她轻笑地答道："我注意到你手腕上戴着一串玉手链。"我虽对玉石有所偏爱，却知之甚少。随后，她给我讲了很多关于玉石的知识，让我心生崇拜，并告诉我，她认识一位玉石商人，可以带我去看看，但又告诫我切勿轻易购买。自那时起，我们便一同踏上了鉴赏、品味玉石的旅程。

在品玉的过程中，我们逐渐了解对方，发现彼此性格相投，兴趣相合。每当我因喜爱而急于购买时，她总能适时地提醒我："此玉虽佳，但未来或许能遇到更好的。"若实在难以劝阻我的冲动，她也会以微笑化解："这或许说明，你与这块玉确有缘分。"

后来，她的丈夫遭遇职场变故，不仅失去了工作，还背负了巨额债务。在那段艰难的日子里，她承受着巨大的压力。

我跟她说："若经济上遇到困难，我可提供援手。"后来，她向我借了一笔金额不大的钱。我告诉她："这笔钱我不急着用，你可以等其他债务清偿后再还我。"两年后，她如约归还了借款。当我提及让她最后再归还时，她坚定地说："我确实是最后才还你的！"她的解释令我惊讶，她说："当初借钱时，我心中有个计划，先从最不可能借给我的人开始尝试，对于愿意借钱给我的人，我也不会借太多。因此，最后一笔钱我选择向你借。我知道，如果我向你借更多的钱，你也会答应，并且不会催促还款。但我不想给你增添过多压力，你是我重要的精神支持，让我在做事时感到心安。你是我们全家的恩人，我不能让你感到被逼迫。"

她的这番话让我倍感意外。事实上，我愿意帮助她，是因为通过我们多次的交流，让我觉得她是一个讲信用的人。同时，我们有着相同的兴趣爱好——喜玉，她并非直接投其所好送我玉石，而是选择带我一起去欣赏和品鉴玉石，教会我如何识别和选择玉石。在这一过程中，我们渐渐地加深了解，成了朋友。

我喜欢阅读，她便会经常借给我一些她看过的认为很不错的书籍。特别是有一段时间，我遇到一些事的时候，她从积极的角度给我提了不同于别人的建议。后来事实证明，她的建议是对的。

还有，她借钱这件事，展现出她极具智慧的筹资思维。正如她所说，不能让朋友感受到压力和负担。我从她身上学到，与朋友交往时，要懂得有所求亦有所不求，心怀感恩，才能保持长久的友谊。

3. 有效沟通，提升社交关系

在父亲的指导下，我逐步接管了企业的运营事务。其中，与银行的沟通协调工作也成了我的一项重要工作。起初，银行的工作人员并未对我给予特别的重视。但随着时间的推移，我逐渐赢得了他们的重视，每次前往银行办理业务时，都能享受到贵宾通道的便利。

在每月月底和季末的时候，银行的工作人员会让我协助他们完成一些任务。起初，我通常会欣然应允。但随着这种任务变得频繁，我开始感到厌烦。

后来，我定居成都，并在当地一家商业银行开设了公司和个人账户。在新的环境中，我逐渐远离了以前的银行朋友，并将部分资金转移到了新账户。在这家商业银行，我首次接触到了大堂经理小罗。他的服务规范且热情，态度礼貌而亲切，让我感到十分舒适。办完业务后，他热情地说："姐，您下次来办事时，提前告诉我一下，我给您安排停车位。"鉴于以往的经验，我没有留下他的联系方式。每次去银行办理业务，我也不特意去找谁，始终保持着一种淡然的态度。

　　然而，不久后，小罗打来了电话，非常客气地询问我是否有其他资金需求。我直截了当地拒绝了他。过了一段时间，我再次前往银行办理业务时，小罗依然热情接待，并在闲聊中展现出他深厚的专业知识和广博的社会见识。他的谈话让我对他产生了好感。

　　随着时间的推移，我放下了对小罗的戒备心，而对他产生了强烈的信任与赞赏。每逢节日，他发来的祝福短信总是别具一格，充满文艺范儿，让我戏称他为被金融界埋没的文学才子。在闲聊中，他偶尔会提及："姐，您在我们银行的资金状况如何？其实只需在手机上简单操作几步，就能转换成收益更高的产品，而且不影响您的资金使用。"对于他的建议，我通常会回应："我回去研究一下。"而最终，大多数情况我都会采纳他的方案。

　　有一次，我儿子随我去银行办理业务，虽然儿子与小罗之间没见过面，但那次聊得很投机。我儿子是学金融的，年龄与小罗相仿，但小罗显得更为成熟且勤奋，因此我希望小罗能对他产生积极的影响。后来，他们互加了好友，有空时，小罗会约我儿子一起玩。在这几年间，小罗的职位从大堂经理一路晋升为业务经理、私行经理，直至分行私行部经理。

当时，我们公司正在推进一个金融项目，而小罗手中恰好有一些相关资源，于是他一直协助我跟进这个项目。第一次与对方洽谈合同时，他主动提出陪同，以帮我把控风险。后来，由于项目未能谈成，小罗建议我将项目转到他们银行来操作。他解释道："我们银行有这种业务，但还没开过单，所以之前没跟您提。不过，您没发现我对项目流程和关键点的把握，比对方还熟悉吗？另外，我会尽全力为您争取到最优惠的费用。"基于多年对他的了解和信任，我决定将这个项目放在他所在的银行试试，由他全权负责，没想到这个项目竟然成功了。再后来，他被提拔为副行长。

如今，小罗每月都会来我们家做客，家里人都非常喜欢他。每当谈及他的成长时，他总是谦逊地说我们是他的恩人。而我则说："像你这样优秀、勤奋、勇于探索的人，恩人一定不少。"他笑着回应："除了您之外，我最感激的就是我的两任领导。"我能深刻感受到他对我们的真挚情感。

小罗出身于一个普通的家庭，毕业于一所知名的 211 本科院校，没有任何背景资源，从最基层的柜员岗位开始做起。在职场中，业绩是他晋升的最有力证明，而我有幸成为他职业生涯中重要的业绩支持者之一。小罗自身的优秀是不可忽视的，精通专业且情商出众，不仅为我们带来了情绪上的价值，还带来了实际的资源和经济收益。可以说，他凭借出色的社交能力，成功地拓展并稳固了自己的社交圈。

在人生的长河中，我们会邂逅各种各样的人，但真正能够成为生命中重要角色的，往往是那些在关键时刻伸出援手、给予我们坚定支持的人。回顾我在教育、企业经营以及个人成长的过程中，每一位帮助我成长的人都如同珍贵的宝藏，为我的人生增添了无尽的色彩。

随着时间的推移，我们之间的关系或许会经历各种波折和变化，但真正的友谊却能够经受住岁月的洗礼和考验。愿我们的人生变得更加精彩纷呈、丰富多彩。

卓子，微信号：szzhuo1431。二十年资深财税顾问，成功培育上百位财税行业精英，辅助财税同行通过社群营销业绩翻倍，在美篇分享财税知识，阅读量超百万。

03 提升专业，赢得客户信任

我是一个地道的潮汕人。潮汕这片土地，以其独有的文化韵味和浓厚的人情味而闻名，这些特质也在我身上留下了深刻的烙印。幼年时期，我生活在一个亲情浓厚、关怀备至的环境中，父母即便在繁忙的工作之余，也不忘腾出时间陪伴我和兄弟姐妹，悉心教导我们为人处世的道理。

小学二年级那年，父母作出一个决定，带领我们全家迁往惠州生活。惠州，这座洋溢着现代气息与蓬勃发展的城市，成了我学习旅程的新起点。初抵惠州，面对陌生的环境与语言差异，我感到一丝不安。然而，这里的学校不仅重视学业成绩，更注重学生的全面发展，为我提供了广阔的成长空间。

随着时间的推移，我在校园里结识了许多新朋友，还与他们一起参加各类活动。慢慢地，我在成长过程中学会了包容与理解不同的观点和文化。

1. 在压力中磨炼学习能力

2001 年春，怀揣着对未来的憧憬，我到了深圳这座充满机遇与挑战的城市。很快，我在深圳龙华的一家港资企业中谋得一份文员的工作。在工作之余，我勤奋自学，成功考取了会计从业资格证书，并积极参与会计专业培训，以期提升自己的专业能力。幸运的是，这些辛勤付出很快得到了回报，不久后我便被领导调至财务部，担任出纳一职。

次年，我的职业轨迹迎来了重大转变——公司派遣我前往中东阿联酋分公司，担任会计职务。在阿联酋工作期间，我接触到了更多的业务。这段海外工作经历极大地拓宽了我的视野，让我在专业能力上实现了飞跃式的提升。

两年后，我重返深圳。公司希望我继续留任原职，但我毅然地选择了迎接新的挑战，辞职后加入了一家财务公司，开始为 68 家企业提供服务。我深知，这一切都需要重新开始，也明白工作量和工作内容所带来的巨大挑战。

　　每天早出晚归，晚上十一点回家成了我生活的常态。尽管挑战和压力很大，但我对这份工作的热爱却与日俱增。处理 68 家来自不同行业的企业的账务，每一家企业都有让我学习的地方，让我感觉自己就像一块海绵，不断地吸收着新知识。此外，每天晚上财务公司都有专人进行培训，那段时间就成了我学习的高光时刻。

　　通过那段高强度的工作和学习经历，我的财务专业知识和技能得到了显著提升。除此之外，沟通能力也有了很大的进步，我不再害怕与人沟通，而是主动与人沟通。这些宝贵的经历让我变得更加自信。

　　如今，当我回望那段历程，我深感自豪和满足。每一分努力和坚持，都在我的职业生涯中留下了深刻的印记。2006年，我从财务公司辞职，选择自主创业，通过接单服务客户。初创时期，我手中仅有一个客户，但这份稀缺并未让我有丝毫懈怠，反而激发了我更加勤勉尽责的服务态度。

　　在财务公司工作时，我主要负责账务处理，而报税及维护客户等事务则由专门部门负责。因此，当我独立承接客户时，对报税业务的不熟悉成了我的一大短板。为了攻克这一难题，我频繁往返于公司和税务局之间，耐心向税务工作人员请教每一个细节。在积累经验的过程中，我坚持每天详细记录工作细节，认真登记并解决客户问题，总结每一个步骤。通过不断学习和反复实践，我逐渐掌握了报税流程。每一次挑战都成了我成长的机会，我感激那个不畏艰难、总是以积极态度迎接新任务的自己。后来，我的客户越来越多，靠着口碑赢得了他们的信任与好评。

2. 用心服务赢得客户信任

从零开始，到如今我已经服务了三百多家客户。众多客户自初次合作便一直陪伴至今，一眨眼已经过去二十多年了。回首这段历程，我感慨万千。这些年的经历不仅让我在财税领域中积累了丰富的知识和经验，也让我在面对挑战时更加坚定和自信。

创业的这二十年里，每一位客户的故事都在我的职业生涯中刻下了深刻的烙印，而其中有几位特别的客户，更是让我至今难以忘怀。

王总便是其中之一，他的公司专注于 LED 屏业务。初次合作时，王总的公司在深圳红红火火，每月支付的服务费也颇为可观。王总性格豪爽，我们的合作一直十分顺畅。然而，随着市场环境的变化，王总的公司业务逐渐减少，陷入困境。尽管如此，公司并没有注销，王总依然坚持让我们正常申报和维护，每个月也准时把服务费转过来。

特殊时期时，众多公司都面临着严峻的生存挑战。我注意到王总的公司业务几乎陷入了停滞，心中不禁为他感到焦急。于是，我主动与王总取得联系，提议他暂时停止支付服务费。原以为王总会采纳我的建议，然而他却回应道："目前我还能够承受得起，服务费不必减少，你照常收取即可。公司先保留下来，将来若有机会恢复，我们还是要继续合作的！"

王总的这番话深深触动了我。即便在困境之中，他依然坚守着对未来的希望与信心，并坚持履行着合作中的责任。这种坚定的态度，不仅展现了一个企业家的胆识与魄力，也让我对自己的工作有了更加深刻的认识。作为财税服务的提供者，我不仅要确保提供专业的服务，更要在客户最需要的时候伸出援手，给予他们坚定的支持。正是这些真诚与责任感，构建了我与客户之间坚不可摧的信任桥梁。

第二个特别的客户是我在办理业务时碰上的。一次，我在税务大厅办理业务时，大厅内人不多，工作人员也相对稀少。等候办理业务期间，我注意到一位女士正焦急地翻阅着资料，填写着表格。我感觉她显然是碰到了难题，神情中流露出无助，于是主动上前询问她是否需要帮忙。

她向我提了一个关于财税的问题，我简单查看后，发现这是一个比较常见的问题。于是，我为她介绍了操作步骤，并亲手指导她如何填写相关表格和提交所需材料。她对我的行为深表感激，还问我要了联系方式，但在我看来，这只是一件小事。

出乎意料的是，第二天这位女士便联系了我。她表示，回去后她仔细回想了我跟她讲的内容，发现我讲解得既清晰又专业。她希望能进一步向我咨询一些关于公司税务方面的问题。于是，我们约定在她的公司见面，详细与她沟通财税事务。

在那次深入的沟通中，我竭尽所能解答了她的所有疑问，并给出具体的建议和解决方案。她对我的专业知识和服务态度感到非常满意，当即决定将他们公司的财税业务交由我来处理。从那时起，她不仅成了我的客户，还成了我长期合作的伙伴。

那次经历让我深刻体会到，专业素养和细心服务是赢得客户信任的关键。很多时候，我们觉得微不足道的帮助，对于客户来说却是解决紧迫问题的重要支持。

此外，第三个特别的客户，他是我二十年前初入职场时结识的同事。那时，我们在工作中配合默契，虽然后来各自选择了新的职业道路，但偶尔通过微信仍会进行交流。某日，这位昔日同事看到我在朋友圈发的内容，发现我已创业，主要提供财税服务后，立即致电于我。他在电话中惊喜地说："卓子，没想到你也涉足财税服务领域了！我公司里的会计对业务不够熟悉，我提的问题她常常无法解决，感觉很不专业。要不我把公司的事务交给你来打理吧。"

鉴于我们曾在同一家公司共事，对彼此的工作能力和品行都有深刻的了解和信任，所以这次的合作异常顺畅。这次合作不仅巩固了我们的友谊，也让我更加确信，专业素养是获得客户信赖的基石。

第四个特别的客户是一位曾从事销售工作的女同事，在创立自己的公司后，看到我的朋友圈，也立刻与我取得了联系。她表示："我知道你一直在做财税服务，我对你的专业能力和人品都非常认可。财务对公司至关重要，我公司的未来发展非常需要你的帮忙。"

她的信任让我深感责任重大，我竭尽全力为她提供全方位的财税服务，每个细节都力求尽善尽美。她对我的工作也极为满意，并在她的朋友圈推荐了我的服务。这为我带来了更多的客户和业务机会。

3. 提升责任感和专业度

第五个特别的客户，源于我在为一位香港客户提供服务时意外获得的客户。这位客户对我的服务非常满意，便主动引荐了他的一个同学给我。这个人有意在深圳创立公司，之前已有财务公司提供协助，但他对那个财务公司的专业水平并不满意，希望寻找更专业的财务支持。

首次见面时，这位新客户就明确表示，他期望所有税务都能严格按照政策规定缴纳，不能出现任何违法行为。他解释，在内地注册公司是为了更贴近内地客户，走正规程序雇用内地员工，为他们缴纳社会保险和住房公积金。他强调："我追求的是正规化运作，需要的是专业且值得信赖的服务。"

在了解了他的具体需求后，我详细介绍了我们的服务内容及流程，并针对他公司的实际情况给出了专业建议。他听后，对我的专业性表示高度满意，当即决定委托我们处理公司的财税事务。令人惊喜的是，他主动提出支付高于市场价十倍的服务费，并承诺每年年底额外支付一个月的服务费作为奖金。这位客户的举动让我既惊讶又感动，他对专业服务的重视及对我的信任，让我深刻认识到专业和诚信在服务业中的巨大价值。

每一次与客户的互动，都是一次新的挑战和机遇，不仅让我得到了成长与进步，也让我深切体会到了人与人之间那份真挚与信任的强大力量。无论顺境还是逆境，我都将坚守职业操守，全心全意为客户提供最优质的服务，这既是我对客户的承诺，也是对自身职业生涯的高度负责。

我深知，唯有不断精进自己的专业能力，对每一位客户都尽职尽责，方能在激烈的市场竞争中站稳脚跟，赢得一席之地。希望我的这些故事，能够激励更多的创业者，坚持不懈，用心经营，以真诚之心赢得客户的信赖与支持。

第 2 章

个人快速成长，掌握核心方法

在这个机遇与挑战并存的时代，每个人都渴望在人生的舞台上绽放光彩。

本章内容通过个人真实的职场历程与成长轨迹，展示了如何通过自我反思和持续学习找到人生方向。这些故事提醒我们，探索是热爱与迷茫并存的过程，是每个人成长的重要阶段。你可以从中学到，在面对职业和生活中的不确定性时，如何找到自己真正热爱的领域，并通过专注与坚持，实现人生的持续成长与价值。

铭渲，微信号：mingxuan8228。日记星球
副总裁，设计人生认证教练，设计人生思维商业引
导师，斯坦福创新创业导师，曾帮助上百位合伙人
一对一定位梳理人生。擅长通过营销、创新推广，
推动企业整体发展。

01　设计人生，打造持续影响力

每个人的成长，都不是一帆风顺的，我也不例外。

1. 走出迷茫，找到热爱

在我职业生涯的早期，尽管我拥有一份收入稳定、工作
轻松且领导不多加干涉的职业，但内心深处总感到迷茫。这
份工作本身并无不妥，但我始终不清楚自己真正追求的是什
么。这份内心的困惑驱使我走上了一段漫长的探索旅程，我
尝试通过不断学习和考取证书来寻找自己的定位。

我考取了许多证书，其中包括《中国认证平面设计师》
证书。这个证书是我投入大量时间、精力和费用才取得的。

那时，我对平面设计充满热情，希望能在这个领域有所建树。然而，取得证书后，由于没有在实际工作中应用，我渐渐疏远了这项技能。有一天，公司副总裁在项目会议上提到需要有人处理商城的图片时，尽管我曾学过 Photoshop，但还是没能勇敢地站出来。这让我深刻意识到，掌握一项技能和真正将其应用于实践之间存在巨大的差距。

这样的经历并非我独有。我的许多朋友和同事也遇到了类似的困境。比如，我的一位同学报名参加了家庭教育指导师的课程，最终取得证书，但由于没有从事相关行业，证书最终被束之高阁。还有一位朋友，她和我一起考取了平面设计师证书，后来她又考取了心理咨询师证书，但在缺乏实际操作经验的情况下，她一直不敢接触真正的客户，生怕自己能力不足，最终也未能在相关领域有所建树。

这些经历促使我开始反思：为什么我们这些热爱学习的人，辛辛苦苦学到的技能，最后却没能坚持下去呢？其原因是，培训机构通过广告和推荐，将各种热门课程呈现在我们面前，我们什么都想学，认为都很热爱，但由于缺乏主见，往往选择随波逐流。这种盲目的学习方式，让我们在没有验证是否真正热爱的情况下，很难持之以恒。最终，我意识到，继续这样迷茫下去只会浪费时间和精力，于是我决定寻找一个真正热爱的方向并深入钻研。

我开始尝试断舍离，专注于一个知识付费平台进行深度学习。这个平台的会员课程深深吸引了我，其中有许多书籍可以听。对于感兴趣的书籍，我会反复听，还会购买纸质书籍进行深入阅读。这种学习方式极大地满足了我的求知欲，也让我在学习的过程中逐渐找到了自己真正感兴趣的领域。

很快，平台向我抛出了橄榄枝，邀请我带领一个团队。在带领团队的过程中，我不仅积累了宝贵的经验，个人能力也得到了显著提升。这次际遇让我寻觅到了人生的乐趣所在。

与此同时，我始终不忘持续学习。一次偶然的机会，我接触到了一本名为《定位》的书籍，它深深吸引了我。于是，我开始研读该作者的其他作品，如《人生定位》《聚焦》等，并撰写读书笔记。尽管这些书籍主要面向企业经营，但我坚信，无论是企业还是个人，都需要通过定位和聚焦来实现自身的价值。于是，我决定将这些知识分享给其他人。

在此过程中，我有幸遇到了人生中的一位重要导师——小牛妈妈。她帮助我进一步明确了人生规划。在与她的深入交流中，我发现自己具备帮助他人定位发展方向的能力。于是，我决定将这份能力转化为一项事业。

凭借之前积累的经验和这次自我认知的迭代，我顺利地开启了职业生涯的第二曲线，成为一名定位导师。我开始助力那些在职场或生活中迷茫的人们，让他们找到未来发展的方向。回顾这一路的成长历程，我深刻领悟到：唯有真正的热爱与专注，才能让人坚定地走在自己选择的道路上。而这条道路，也必将铸就我们每个人独特且充满意义的人生轨迹。

2. 深入学习，设计人生

随后，我着手开发了相关课程，并成为平台的签约讲师，开始讲课。起初，一切对我来说都充满了新鲜感，但随着时间的推移，我渐渐意识到自己在该领域的知识储备还远远不够。

或许是因为内心强烈的学习愿望，我有幸接触到了斯坦福大学的设计人生课程。这门课程涵盖了一系列的理论、工具和方法论，旨在帮助我们持续明确自己的目标和当前的行动方向。

通过一系列实用的工具，如用"爱乐工健"仪表盘来帮助客户找到生活中的动态平衡，利用"能量地图"来探索客户的压力源及释放方式，通过"人生罗盘"来引导客户探索工作观和人生观以达到自洽合一的状态，以及通过"奥德赛计划"这一大型教练活动来探索人生的多种可能性等，这些工具和理念赋予了教练们一种能力，那就是启发和协助客户在人生和职业道路上不断寻找适合自己的方向。

尽管学费不菲，但我深知自己需要它，于是毫不犹豫地报了名。我的目标明确而坚定：通过深造，使自己成为一名真正的设计人生教练和引导师，助力更多人找到属于他们的幸福之路。

每学完一节课，我就开始频繁地与周围的人沟通交流，为他们提供公益教练服务。随着时间的推移，越来越多的人愿意与我交流，寻求我的帮助。课程后续的学习和实战内容相当繁重，许多教练都没能坚持到最后，我凭借着对这份事业的热爱，努力跟上节奏，成了报名后第一批完成各项考核并获得证书的教练。

接着，我开始将所学知识与技能应用于实践，开展了一系列深入的访谈。通过与来自不同背景与经历的人们的交流，我逐渐坚定了自己的热爱。就在此时，我幸运地得到了两位创始人的青睐，他们向我发出了合作的邀请。这是一个至关重要的时刻，我深知这个决定将对我的未来产生深远的影响。在深思熟虑后，我运用设计思维中的决策方法，作出了一个改变我人生轨迹的重要抉择：加入平台，并担任副总裁一职。

然而，面对如此重大的职业转变，我不得不面对来自家人的反对。过去，我曾多次尝试说服家人支持我的转型，但每次都遭遇了他们的拒绝。他们无法理解，为何我要舍弃一份稳定的工作，去追寻一条未知且充满风险的道路。家人的质疑与担忧，让我内心充满了矛盾与无奈。每一次的争执，都如同对我心灵的一次重击，让我感到痛苦而沉重。

但这一次，我选择了勇敢。我怀揣着坚定的信念和已获得的 offer，向家人提出了我的转型计划。尽管他们心中仍存顾虑，但面对既成的事实，他们最终没有再继续反对。

回望这段转型的历程，我深刻体会到：如果当初有幸得到一位设计人生的教练指引，或许我能少走很多弯路。然而，正如那句老话所言，人生中的每一步都算数，没有哪一段经历是多余的。每一次的痛苦与挣扎，都是成长的见证，也是走向未来的基石。

3. 影响他人，奔赴热爱

作为一名设计人生教练，我在帮助他人的过程中，常常看到那些曾经困扰我的影子。许多人有着与我相似的难题：他们知道自己不想要什么，却无法确定真正想要的是什么；他们在工作和生活中长期失衡，进退两难；面对选择时，他们犹豫不决，缺乏行动力，看不清未来的方向；有些人则因为手握过多选择而卡住，不敢松手，害怕一旦放弃，所有的努力将化为泡影。然而，不放手的坚持又使他们的生活充满挣扎与不安。

欣是一位五十多岁的女性，当她走进我的世界时，如果不是她在自我介绍中提及，我很难相信她的真实年龄。与其他客户不同，她并非带着明确的问题前来，而是基于对我的信任，希望通过与我交流，寻找一些人生的启发。

我习惯于在倾听中敏锐地捕捉到客户隐藏的情绪与难题。起初，她自称无忧无虑，是个有主见的人。她出身优渥，却勤奋好学，不断尝试将所学知识付诸实践，渴望增强自己的影响力。

她曾在某平台上学习，考取了家庭教育指导师和幸福导师的证书，但至今仍仅限于作为该平台的推广人员。若想要晋升为正式导师，还需投入更多的时间和金钱。为此，她尝试吸引更多人跟随自己学习，甚至创办了读书会。然而，读书会的反响平平，这让她陷入两难的境地：放弃不甘，继续又缺乏足够的动力。此外，她还在其他平台上学习短视频制作和国学课程，同时也要兼顾家庭，照顾家人与孩子。

后来的对话中，她或许是打开了心扉，还向我分享了近年来的心路历程。当欣倾诉完毕，我开始回应她的感受，并提出几个关键问题。通过这些问题的引导，欣逐渐察觉到自己言辞中的不一致之处。于是，要求与我进行视频通话，面对面交流。

作为教练，看到客户开始信任自己，卸下防备，展现真实的一面，这让我感到无比欣慰。接下来的对话变得更加深入，我逐一抛出问题，帮助欣从新的角度思考她面临的困境。

"欣，你提到想要实现更多人生价值，能否分享一下你心中理想的人生状态是什么样的呢？"

"在你学习家庭教育指导师和幸福导师的过程中，你有哪些收获？这些收获是如何转化为你的实际影响力并提升收入的？"

"你提到为了晋升导师需要更多的金钱和时间投入，你有评估过这些投入的回报率吗？是怎么评估的？是否还有其他更高效的方式来达到你的目标？"

"在办读书会的过程中，你遇到了哪些挑战？这些挑战是如何影响你的动力和成就感的？"

"你谈话中有八次提到自己是有想法和主见的人，这种特质如何帮助或者阻碍你实现目标的？你是否愿意探索和挑战自己的这些特质，以更好地帮助你达成目标？"

这些问题让欣陷入了深思。最终，欣意识到自己追求的目标过多，导致步伐沉重，难以集中精力。于是，她决定轻装上阵，专注于那个能带来最大价值的目标——帮助渴望改变的女性拥有幸福的婚姻。她坦言，自己的婚姻也曾经历过波折，但通过学习与成长，她成功地转变了自己，并影响了伴侣和孩子。如今，他们一家过着幸福美满的生活，她希望通过自己的经验，专注于成为一名幸福导师，通过身体力行的方式，助力更多女性找到幸福。

在理清思路后，欣给我发来这样一条信息："感谢遇见充满智慧的你，感谢你帮我解开疑惑，让我学会用发展的眼光看待事情……这一切真是太美好了，突然间，我感到无比轻松。"

欣不仅用言语表达了对我的感激之情，更在行动上付诸实践。她开始在自己的领域里默默耕耘，致力于为他人带来帮助。通过她的朋友圈，我看到她每天都在为更多女性的幸福而努力，真正实现了自我价值。

看到欣的转变，我内心涌动着诸多感慨。正如有句触动人心的话是这么写的："灯会一盏一盏亮起来，路会一点一点走平坦，手中的花，也会一朵接一朵地绽开，不要急，人生的好运正在慢慢来，你只管好好爱自己。"

在帮助欣的过程中，我深刻体会到作为设计人生教练的价值所在。这份工作不仅在于指引他人找到前行的方向，更在于帮助他人的同时，也促使我不断完善自我。每一次的陪伴与引领，都是我和客户携手共进的成长之旅。尽管这段旅程挑战很多，但它同样充满了希望与成就。

在我的教练生涯里，还遇到过一些对当前的生活和工作感到不满，却苦于找不到明确的方向的人。海海便是其中一位，她大约 35 岁，在家族企业中从事财务工作。随着年龄的增长，她逐渐意识到这份工作并不能让她感到内心的满足，她渴望去探索外面的世界。然而，家人的期望和反对让她在行动上犹豫不决。

在这个信息爆炸的时代，海海看到了身边许多人通过学习和实践改变了自己的命运，过上了梦寐以求的生活。于是，她也效仿起来，在过去两年里，她投入了近五万元用于家庭教育的学习，可是，越学习她越感到迷茫。一方面，她意识到学习投资是个无底洞，这让她感到焦虑；另一方面，虽然学到了不少知识，却发现收入的提升并没有想象中那么容易。

作为设计人生教练，我引导海海尝试了一种经典的方法——"奥德赛计划"。这是一种战略性的生活规划方法，它鼓励每个人去设想多种可能的未来，而非拘泥于单一的线性发展路径，通过不断地尝试和调整，可以逐步接近最理想的生活状态。

在探索的过程中，我向海海提出了一系列问题，帮助她理清思路。首先，我问她："如果你继续在家族企业内从事财务工作，未来五年你的生活会是什么样子？"这让海海开始思考她当前的职业路径，即如果她不做出改变，未来可能面临的结局。

接着，我又问她："如果财务工作这条路走不通，你本来也不愿意坚持下去，或者出现一些其他原因迫使你无法继续工作，在这种情况下，结合现有的资源和兴趣，你还可以做什么？"这个问题引导她思考机会路径，即除了当前的工作之外，她还可以有哪些选择。

最后，我提出了一个具有挑战性的问题："如果前面两条路都走不通，你不再考虑那些束缚你的因素，比如妻子、母亲、女儿等角色，只作为单纯的你，假设不违背公序良俗，你最想做的事情是什么？"这个问题引导海海探索她的惊喜路径，即如果抛开所有限制，她内心深处真正渴望的生活状态是什么。

在探讨的过程中，海海逐渐对自己的奥德赛计划产生了兴趣，尤其是第三条路径——成为一名像我一样的设计人生教练，帮助更多迷茫的人找到未来的方向。

为了支持她的计划，并帮助她避免因社会接触面狭窄而导致选择过窄的问题，我给她介绍了设计人生的大致情况。我告诉她："最小成本的路径是找到一个你想成为的人，去采访他，问问他是如何做到的。或者跟随这个人一段时间，体验他的生活，看看是不是你想要的生活，你是否做得到。"

对于海海而言，最直接的方式就是问我一些问题。在这个过程中，我耐心地回答了她所有的疑惑，并给予了她鼓励和肯定。随后，我建议她把我们当天的对话用文字梳理出来，这样有助于她更好地理清思路并落地执行。海海非常配合，不久后她便给我发来了一份非常清晰的文档。

看到她的执行力，我为她感到高兴，但其实真正的挑战才刚刚开始。在一周后的回访中，海海告诉我，她已经开始践行一些计划，但仍然有部分计划未能启动。我们进一步探讨后，我发现她的行动力不足源于时间规划。于是，我给她提出了一个小小的挑战："如果把起床时间调整到每天早上6:30，比你现在的起床时间早10分钟，你能做到吗？"海海自信地回答："能。"

接着，我进一步鼓励她："如果你在这个基础上，坚持一周后将起床时间再提前10分钟，把时间调整到早上6:20，你能做到吗？"她犹豫了一下，表示："应该也能。"我告诉她："很好，我们就从调整时间开始吧，一周后再来找我。"

令人欣慰的是，海海真的做到了。她的朋友圈发文也开始出现许多与她梳理过的目标一致的内容。某次，我在朋友圈看到她分享了这么一段话："这个世界根本不存在'不会做'和'不能做'，当你失去所有依靠的时候，你自然就什么都能做了。"这段话让我感到欣慰，我知道，海海已经开始迎风起舞了。

如今，海海的生活发生了翻天覆地的变化，她不仅实现了居家办公的自由，还能不定期地学习和全国旅行。她的每一天都充满了活力和激情，每一天都在做自己喜欢的事情，每一天都在为实现更大的梦想而努力。

如果你也被这些故事触动，如果你也想探索人生的更多可能性，请从现在就行动起来，创造属于自己的精彩故事。

福橙星姐，微信号：fcxj16888。福橙品牌文化创始人，热爱写日记，通过写日记打通线上销售渠道，并帮助 600 多人养成写日记的好习惯。

02 迎难而上，在挫折中成长

我和伴侣自幼相识，同为"80后"，根植于赣南这片土地。早年间，我们在广东中山经营店铺，历经艰辛，积攒了一份家业。然而，随着父母年岁渐长，他们难以适应都市生活，而我的伴侣又渴望能陪伴在双亲身旁，加之多年的异乡打拼让我们略感疲惫，对故乡的思念之情日益加深。经过深思熟虑后，我们决定将广东的工厂交由二弟管理，并于2013年举家迁回赣南老家。

1. 乡情与抉择

在老家休养的几年里，我们的身心逐渐得到了恢复。转眼间，大宝已九岁，二宝也三岁，到了入园的年龄。我们意识到不能一直这样生活下去，决定在家乡重新创业，并把广东的工厂转让给二弟。

得益于家乡得天独厚的自然条件——亚热带气候、适中的降雨量、显著的昼夜温差以及肥沃的红壤，这里种植着世界最有名的中华名果赣南脐橙。在乡政府的积极宣传和支持下，我们决定投身农业，种植赣南脐橙。

2015 年春，我们经过精心挑选，最终选定了一片 100 多亩的偏远深山老林作为果园。这片果园附近两公里处坐落着一个宁静的小山村，村里仅住着几户年迈的老人，他们保持着原始的生活方式，养鸡鸭鹅，耕种稻田。此地远离尘嚣，交通极为不便。为此，我们自筹资金，耗资十几万元用于修路和通电。

在果园中，我们种植了 3000 多棵脐橙树苗。然而，一个棘手的问题出现了——缺乏水源，因为附近没有小溪或小河。幸运的是，当地村民告诉我们，在果园三公里外的一处悬崖峭壁上，有一个天然的小瀑布，瀑布下落的水汇聚成潭，因其海拔较高，与果园间形成了自然的落差。于是，我们决定铺设水管，将这珍贵的瀑布水引入果园。尽管水量不大，却足以满足果园的需求，加之水质清澈透明，无疑是大自然赋予我们的无价之宝。

面对交通不便的挑战，我们雇用了当地的马队，依靠马力将所需材料运进果园。经过一周的辛勤努力，水管终于成功接通至果园。当清澈甘甜的泉水涌入果园那一刻，我们的心中充满了无比的喜悦。（在山上种植农作物，水源与电力是两大难题，而水质更是直接关系到水果的品质。）拥有了这样优质的水源，我们的信心倍增，坚信能够培育出高品质的赣南脐橙。

起初，我们以为只要简单施肥和打药，投入资金后便能静待果实的丰收。然而，现实却给了我们一记重击。种植的第一年，小苗几乎未见生长，一整年过去，树木仍显得瘦弱不堪。为此，我们求助于当地经验丰富的老果农，经过一番细致排查，问题被确定为是由于施肥过量而引起的根部受损，即"烧根"。

老果农直言不讳："你们太心急了，给小苗施了过多的肥料。小苗刚刚种下，就像娇嫩的婴儿一样，怎么能承受得住这么多的肥料呢？"（诚然，我们在每株小苗种植时，用了近 100 斤的农家肥。）老果农惋惜地表示，这批苗子恐怕已经难以挽救了，他建议我们重新购买树苗，并在种植前确保土壤中的肥料得到充分发酵，以避免再次发生"烧根"的情况。

我们认真听取了这位老果农的建议，首先使用发酵菌种将土壤中的鸡鸭粪便进行彻底发酵，然后在肥沃的地方试种了蔬菜。不久之后，蔬菜长得非常茂盛，这表明我们的脐橙苗也具备了种植的条件。但是这位老果农再次提醒我们，不要急于求成。如果想要实现有机种植，仅仅依靠山上的红土壤是不够的，必须全面改良土壤，增加其有机质含量，这样才能为后续的种植减少很多麻烦。

到了萝卜种植的季节，我们决定在 100 多亩的果园里播种肥田萝卜。经过三个月的精心照料，萝卜长得郁郁葱葱，个头也很大。种植萝卜的好处在于，它能够将土壤中的有机肥转化为优质的有机质。于是，我们组织人力将成熟的萝卜全部埋入土壤中，让它们自然腐烂，从而转化为更高质量的农家肥。

一切准备就绪之后，我们再次购买了脐橙树苗，并在 2016 年 5 月将它们全部种下。这一番波折又让我们耽误了一年多的时间。（没想到从事农作物种植竟然有如此多的门道和学问需要学习。）

为了保证水果的口感与品质，我们在本地大量收集牛粪、鸭粪以及花生榨油后的残渣作为肥料。记忆中，儿时农村里的瓜果蔬菜正是依靠这些天然肥料。基于此，我们坚信，使用这些肥料种植脐橙，定能重现那份纯正的口感。

然而，农家肥的获取却是一项艰巨的任务。尽管我们自幼在农村生活，童年时也曾参与挑运牛粪、鸡粪的农活，但随着年龄的增长，自十几岁后便逐渐远离了这样的劳作。如今，已近不惑之年的我们，却再次与这些脏臭难当的农家肥打交道，心中难免生出许多感慨。农家肥本身带有一种难以言喻的臭味，常人往往对其避之不及。而我们要想大量使用，还需从多处进行收购，这无疑增加了我们的工作难度。更令人头疼的是，当粪便不慎沾身时，那种臭味仿佛烙印在皮肤上，难以洗净。即便如此，为了实现我们的生态有机种植梦想，我们依然选择咬牙坚持，克服重重困难。

我们吸取过往教训并总结经验，首先将农家肥堆积起来，混入大米谷糠和发酵菌种，任其自然发酵约半年，最终转化为最生态的农家有机肥。这一过程虽耗时耗力，但为了实现有机生态种植的目标，我们甘愿付出一切努力。

在种植赣南脐橙的几年里，我和伴侣还尝试了其他领域的创业。他在镇上陆续投资开设了两家灯饰店，而我则与朋友合伙投资了五十多万，开了一家镇上规模较大的美容养生店。这期间，我们的开支巨大，果园每年的运营费用就高达二三十万元。到了第四年，我们的总投入已超百万。加之我们对各领域的认知有限，灯饰店与美容店始终徘徊在保本与亏损的边缘。为了资金周转，伴侣不得不忍痛卖掉了才买了两年的车，以确保几个店铺与果园的正常运营。

几年时光匆匆流逝，由于长期在室外劳作，我们饱受风吹雨淋和烈日的炙烤，皮肤变得黝黑泛黄，曾经乌黑的秀发也已半白。由于我们坚持使用纯农家肥种植，拒绝激素和化肥，这导致我们的果树生长速度远不如其他果园。与我们同时开始种植的一批果园，在第三年便已经取得了较好的收成，而我们的果园，在第三年时才勉强开始挂果。

终于迎来了成熟的季节。我们迫不及待地摘下一个金灿灿的橙子，心中充满了这几年的无限期待。剥开皮，轻轻咬上一口，那种熟悉而又陌生的味道瞬间涌上心头，这正是我们儿时记忆中的味道，只是已经久违了太久。如今，这个味道再次回归，而且是我们亲手种出来的，瞬间让我们感到无比满足，瞬间热泪盈眶。

这些年来，我们经历了太多的辛酸和泪水。在烈日炎炎下，地表温度高达 50 摄氏度，我们曾无数次晒到几乎崩溃。回想起以前坐在办公室里吹空调的日子，那时我们还常常向往着出去晒太阳，享受日光浴。然而，现在太阳晒多了，皮肤似乎已经变得麻木。虽然我们也曾有过放弃的念头，想着回到大城市去创业，但是每当我们看到自己亲手栽种的橙子宝宝时，便又坚定了继续坚持下去的决心。

时间飞逝，转眼到了 2019 年的冬天，我们的橙子宝宝们已经四岁了，每棵树都能产出十几斤的橙子。望着满山遍野那金灿灿的果实，我们的内心无比激动，这份成功的喜悦甚至超越了登上月球的幻想。然而，天有不测风云，正当我们沉浸在丰收的喜悦中时，却遭遇了特殊时期的困境。

外地的人与车辆都无法通行，导致我们的橙子挂在树上久久无人问津。我们心急如焚，因为橙子成熟后最多只能挂三四个月，否则就会过分熟透，果实自然脱落。

幸运的是，后来得到了国家的支持。国家允许一些经过严格把关的农副产品适当通行。尽管如此，收购商还是趁机将价格压得非常低，我们几乎无法保住成本。最终，这些橙子所带来的收入仅仅勉强维持我们的日常开销，那一刻，我们的心情跌落到了谷底。

2. 从困境到创新

我们在镇上的两家实体店在那段时间也因难以支撑而决定关门。灯饰店虽未亏损太多，但美容店亏损了近五十多万，这使我们背负上了沉重的银行贷款。就在那段最为艰难的日子里，我有幸结识了李红花老师，并加入了日记星球平台。在这个平台上，我不仅认识了来自五湖四海的朋友，还通过写日记的方式，向大家展示了我们的橙子是如何种植的。

就在那一年，尽管我们种的橙子还未到收获季节，但已被这些远方的兄弟姐妹们预订了一大半。这让我意识到，线上销售同样是一条可行的路。于是，我决定将我们种的橙子全部转为线上销售，让更多人品尝到有机赣南脐橙的美味。在小牛妈妈的帮助下，我成功创建了自己的脐橙品牌——幸福脐橙。

在平台的每一天，我都特别开心与志同道合的朋友们交流探讨。无论是失败的经验还是成功的案例，大家也都会无私地分享。通过阅读他人的故事，我也拓宽了对人生思考的视野。

写日记，给我的生活带来了翻天覆地的变化，让我学会了包容、感恩与尊重。在婆媳关系上，我与婆婆的关系变得异常融洽；在教育孩子方面，我也有了全新的认识。过去，我总是拿自己的孩子与别人家的孩子做比较，而现在，我与孩子无话不谈，总能发现孩子的优点并鼓励孩子不断进步；与伴侣的关系，我也从过去的埋怨、指责转变为现在的珍惜和理解，他现在变得更加顾家、更加懂我了。

3. 用文字书写新篇章

写日记对我助益很大，让我认识到自己的优点与不足，提高了写作和表达能力，让我实现自我成长；输出的内容也给他人带来了收获。在坚持写日记的四年多时间里，我凭借自身的经验与收获，助力他人摆脱迷茫与焦虑，找到更明确的方向与定位，并影响了 658 位伙伴养成写日记的好习惯。我衷心希望，在遇到问题时，每个人都能够迎难而上，成长为更好的自己。

范姐，微信号：H15215279333。民办幼儿园
园长，深耕幼儿教育领域二十余年。擅长教育学
和心理学，凭借深厚学养及教育理念，帮助十余
位有社交障碍的孩子融入集体，培育过超万名
儿童。

03　坚持热爱，持续自我超越

1. 明确热爱

我出生在一个普通的农村家庭，家中有兄弟姐妹五人，
我排行老二，由于父母精力有限，我八个月大的时候被送到
了亲戚家寄养，五岁时返回到父母身边。没在父母身边的那
段时间里，我总是小心翼翼地，生怕做错事，也不敢跟其他
孩子说话。有时候遇到有人欺负我，我也忍着不哭，不会跟
大人讲。那段时间让我学会了独立和坚强。

后来，父母省吃俭用地供我上了幼师学校。离开家时，
爸爸对我说："吃不了学习的苦就得吃生活的苦。"我把这句
话深深地记在了心里！在学校里，我下了很大功夫学习绘

画、钢琴、舞蹈、声乐、书法。每天的课程排得满满的，上课从不敢轻易走神，生怕一走神就会遗漏掉重要的知识。为了更好地完成学业，我每天早晨五点半起床，读书、跑步、练嗓，想着用更少的时间去做更多的事。为了让板书写得漂亮些，在放学后，我在黑板上一直练字，直到宿舍快熄灯了，我才急匆匆地往回赶。

幼师快毕业时，同学们都在找实习单位，我对自己的未来陷入了沉思。每当夜深人静时，我就思考"怎么才能找到属于自己的一席之地"，思考"成为怎样的人"。想来想去，我想到了自己小时候的一个场景——我没正式上过幼儿园，当时，有一位老师看到我在教室外偷听，就破例让我进教室听课，走进教室的那一瞬间，让我对老师充满了崇敬，也对学校充满了向往。

忽然，我的内心有一个声音蹦了出来："像那位老师一样，把教育的温暖传递给每个学龄前儿童。""对，我要办一所幼儿园。"我迫不及待地把这个想法告诉父母，他们先是一惊，然后选择无条件地支持我。父母是我坚实的后盾，帮我解决了资金、选址、装修等细碎的问题。

2. 信念与行动

创办幼儿园初期，第一大难题是获取相关资质。我深入研究了相关的政策法规，认真准备所需的每一份材料。除此之外，我深知自己没有经验，一方面去大型幼儿园调研和咨询，仔细观察他们的日常运作和教学方式；另一方面虚心地向有经验的园长们取经，力求将好的教学理念和方法融入自己的幼儿园中。

第二大难题是找有经验的老师。在招聘老师的过程中，很多有经验的老师对我这个年轻的园长心存疑虑。然而，我并没有因此而气馁，而用真诚和热情打动了他们。但要让这些老师们真正成为幼儿园的一员，还必须进行细致沟通和系统的培训。我制订了详细的从幼儿教育理念到具体的教学方法的培训计划。在培训过程中，大家在一起分享教学经验和心得体会，各取所长，共同进步。此外，我还制定了一系列详细的安全管理制度，模拟孩子入园、课堂活动到离园的过程。每一个环节都有严格的规定，要求老师们必须时刻保持警惕，确保每一个孩子都在视线范围内。同时，请消防局、公安局等相关领导入园给老师们培训相关知识。经过一系列的培训、安全演练和反复的细节检查后，老师们在教学、安全等方面都达到了标准。我和各位老师也形成了一支团结、高效的团队。

第三大难题是招生。每天早晨，我穿上干净整洁的衣服，拿着准备好的宣传资料，挨家挨户地敲门拜访，向家长详细介绍幼儿园的环境、师资力量和教学理念。这种方式虽然辛苦，但也让我逐渐积累了与家长沟通的经验，打消了家长们的顾虑。经过不懈的努力，我成功招到了第一批学生。

幼儿园正式开园的那一天，我心中既激动又忐忑。面对这些天真可爱的孩子们，我感到肩上的责任无比重大。幼儿园刚开的三个月里，我每日神经紧绷，会习惯性地抬头观察，确保无物坠落；每日巡查各个角落，排查潜在的安全隐患；每日前往厨房进行晨检，检查卫生状况，确认厨房员工的健康状况，以及核查食材的采购情况，并确保每餐都有样品留存。此外，园内每日严格执行各项消毒措施，保持室内空气流通，环境整洁。一天的工作下来，我感觉浑身的骨头都要散架了。

慢慢地，幼儿园赢得了良好的声誉，学生人数也稳步增长，从最初的 20 名孩子扩展到后来的 400 多名。这背后，是我坚持不懈与坚韧不拔的努力，也更加证明了一句话：生命的价值在于投身于有意义的事业，而这正是热爱所赋予的力量。

3. 热爱与不放弃的力量

在特殊时期，幼儿园停课，我的内心充满了焦虑与不安。看着空荡荡的教室，我感到无比压抑。为了维持幼儿园运营，我四处奔走，费尽心思筹集资金，接连走访数家银行，试图申请贷款，却屡遭拒绝，每次被拒都让我心中的失落感倍增。但即便如此沮丧，我亦未轻言放弃。我深知，唯有坚持，方能迎来希望的曙光。同时，我主动与老师们沟通当下所面临的困境，渴望得到他们的理解与支持；深入了解他们的困难与需求，并竭尽所能提供帮助与支持。老师们表示愿与幼儿园共克时艰，这让我深受感动。

那段日子里，退费问题让我颇为头疼。部分家长对我们的处境缺乏理解，对退费提出种种质疑与要求。我耐心与他们沟通，解释我们的困境与无奈，并承诺会尽快解决。为让家长们安心，我制订了详尽的退费计划，并严格按计划执行。经过多次沟通与协商，最终所有家长都满意地接受了我的退费计划。

那段时间的每个夜晚，我躺在床上难以入眠。经过深思熟虑和市场调研，我发现线上教育是一个突破点。于是，我决定组织老师们积极开展线上课程，为孩子们提供优质的教育资源。我跟老师们详细介绍了线上教育的理念和操作流程，尽管一开始大家都有些不适应，但经过几次尝试和改进，老师们逐渐掌握了线上教学的技巧。我们通过线上家长会、交流会等形式，与家长们分享育儿经验，帮助他们解决在家中遇到的问题。此外，我们还组织了多种线上活动，如亲子游戏、绘本阅读、手工制作等，让孩子们在家中也能感受到幼儿园的温暖与关爱。家长们纷纷表示，这些活动不仅丰富了孩子们的居家生活，也增进了亲子关系。

线上课程的开展，赢得了家长们的认可和支持，孩子们也在家中通过网络与老师们热情互动。看到这一切，我感到无比欣慰。虽然那段时间异常艰辛，但我和我的团队没有被困难打倒，反而在逆境中找到了新的发展方向，也让我深刻体会到，无论面对多大的困难，只要不放弃，积极寻找解决方案，总能找到一条出路。

有好几次，我都觉得自己快要撑不下去了，但每当我想到孩子们的笑脸，想到老师们的支持与信任，我又重新鼓起了勇气，继续前行。最终，经过我们全体人员的共同努力，幼儿园度过了最艰难的时期，并逐渐恢复了正常运营。

未来，我希望能继续提升幼儿园的教育质量，为更多的孩子们提供优质的教育资源。我计划引进更多先进的教育理念与方法，提升老师们的专业水平。通过不断的学习与创新，让我们的幼儿园成为孩子们快乐成长的乐园。我还期望能建立更多的分园，为更多的孩子们提供优质的教育服务。此外，我打算组织更多的教育论坛与交流活动，希望能为幼教行业的发展贡献自己的一份力量，提升社会对幼教行业的重视与认可，让更多的人关注并支持幼教事业。

创业的路上充满了各种挑战与困难，但热爱可抵万难，只要不断努力，就一定能实现自己的梦想。希望你也一样，找到自己的热爱，一直坚持下来，时间会给你答案。

笔记栏

第 3 章

掌控情绪沟通，保持良好觉知

在我们的日常生活与工作中，情绪化沟通常引发误解和冲突，对人际关系和工作效率造成不利影响。本章深入探讨了在面对情绪及沟通难题时，如何借助内省和自我修复达成成长与转变；情绪失控后，怎样通过自我反省和实用的沟通技巧，一步步重建与家人的关系，并在此过程中增强自身的情绪管理能力。文中不仅提供了情绪调控的有效方法，还着重强调了在家庭和职场中保持冷静的重要性。

廖海萍，微信号 ping4930。正面管教家长讲师，高级内观心理咨询师，曾获广东省家教家风优秀公益讲师称号。日记星球 VIP 合伙人，已坚持写日记 860 多天。服务过 6000 余名家长，100 多个小时的个案咨询。

01　直面自己，修复情绪化沟通

我是"80 后"，大学毕业于一所百年老校，目前是两个孩子的母亲。我记性不太好，书籍和电影的内容只能记住大致情节，细节则模糊不清；对于遇见的人和经历的事，我也很难留下深刻印象，有时甚至见过两次面都会误以为是初次相见。

1. 情绪的风暴与深刻的反省

然而，有一件往事，即便多年过去，我依然记忆犹新。2016 年冬日的一个晚上，我利用女儿上舞蹈课的时间外出购物，买了两大袋东西后，及时赶回到舞蹈培训班接她下课。

下课铃响，寒冷的夜空中下起了细雨。我急于带她赶在大雨之前回家，不料，女儿却提出想骑共享单车。

我答应了她的请求，并提议："我们朝着家的方向走，路上顺便寻找共享单车。如果找不到，我们就直接走回家。"女儿表示赞同。就这样，我提着两大袋东西和她一起边走边寻找路边的共享单车。然而，走了将近十分钟，我们依然没有找到一辆。这时，女儿开始小声抱怨："怎么还没看见单车呢？"

那时，共享单车刚兴起，停放较为随意，能否遇到全靠运气，不像现在有固定停放区。我提着两袋重达二三十斤的物品，已累得够呛，再加上她的嘀咕声，我的情绪也逐渐升温。本想冲她发火："我怎么知道！"但想起育儿书中提到的要对孩子多理解、少吼叫，我忍住了。于是耐着性子安慰她："我们再找找看。"女儿嘟嘟囔囔地跟着我继续前行。

终于，没走多远，我们发现了一辆共享单车。女儿欣喜若狂，大喊："妈妈，那里有单车！"然而，我当时却毫无喜悦之情，内心只有烦躁，只想尽快回家。

我先把一袋东西放在车筐里，另一袋挂在车把上。然后解开锁，正准备推车回家时，不料前轮却被卡住了……

原来是车头上挂的东西太多，影响了车头的转向。我最后的耐心也被耗尽，烦躁的情绪涌了上来。

此时，雨下得大了一些。虽然还不到九点，但在寒冷的黑夜中，却感觉像是深夜。路上只有寥寥几辆汽车经过，行人更是稀少。

天寒地冻，加上细雨绵绵，我担心女儿受凉感冒，心中愈发焦急。正当我为单车的故障烦恼不已时，女儿却迫不及待地想要骑上去。我按捺不住烦躁，脱口而出："你没看见单车卡住推不动了吗？"

女儿不顾一切，还是要尝试骑上单车，见我对她发了火，委屈得哭了起来。

雨势渐大，女儿的哭声也越发响亮，一股强烈的无力感涌上心头，我的怒火瞬间被点燃。"别哭了！"我大声呵斥，同时，一个巴掌不由自主地打在了女儿的脸上。"啪！"一声清脆的耳光声后，紧接着是女儿"哇……"的痛哭声。

我愣住了，我竟然打了女儿，这是我第一次打她，而且打的还是脸。我的右手只觉得微微发麻，悬在半空中，久久没有放下。女儿捂着左脸，泪流满面，眼神中充满了惊愕和恐惧，哭声越来越大，那眼神仿佛能穿透我的心灵。（后来，每当回想起那个夜晚女儿的眼神，我都会不由自主地打个寒战。）

或许是因为寒冷，或许是因为绵绵不断的细雨，我逐渐平静下来，思绪飞速运转。我竟然打了孩子，我怎么能这样！我明明知道不能打孩子，却还是动手了！我做错了，该不该向孩子道歉？道歉会不会让我失去面子？

就这样僵持了好一会儿，幸好路上没有行人。一番犹豫后，我决定向女儿道歉。我蹲下身来，紧紧抱住她，"融融，对不起，妈妈刚才太冲动了。因为天很晚了，又下着雨，我担心我们淋雨会生病，而且单车又推不动，所以我特别烦躁。"我向她解释道。

"但是，无论怎样妈妈都不应该打你，对不起，你会原谅妈妈吗？"我问道。

"嗯嗯，我原谅你。"女儿哽咽着回答。

就在那一刻，我的眼泪像决堤的洪水般奔涌而出。我紧紧抱着女儿，不让她看到我哭泣的样子。

我尝试着运用刚学完的"4R 关系修复法"来弥补对女儿造成的伤害，力求将影响降至最低。

首先是"认识"（recognize）阶段，我深刻意识到自己在事件中的错误，并勇于承认自己的过失，这样，女儿能感受到我的真诚与改正的决心；接着是"重连"（reconnect）阶段，我通过拥抱和安慰等方式，与女儿建立了情感上的联系，一个温暖的拥抱，一句贴心的话语，都让她感受到了我的关爱；然后是"和解"（reconcile）阶段，我向女儿道歉，表达了我的悔意，并寻求她的原谅，我对她说："对不起，你能原谅妈妈吗？"通过这一步，我们之间的关系得到了修复；最后是"解决"（resolve）阶段，我和女儿一起分析了问题的根源，并找到了解决方案。我向她展示了单车因为放了太沉的物品而无法推动，只能步行回家。我建议女儿不要坚持骑单车了，改天再来专门骑共享单车，她点了点头。我不知道她是想通了，还是被我之前的行为吓到了。

于是，我放好单车，两手提着两大袋东西往家走。雨还在下，但我已经不再像之前那么焦急，反而觉得淋雨也是一种独特的体验。（当情绪平稳下来，看待世界的感受也截然不同了。）

每当想起那一晚的情景，我的心都会像被针扎一样难受。如果不是运用了修复关系的方法，我可能会对女儿造成更大的伤害。后来，我持续学习，投入不少费用，成为一名正面管教讲师。在学习过程中，尤其注重情绪管理方面的学习，我也希望女儿能够学会管理自己的情绪。我陪着她一起看情绪绘本，一起布置家里的"冷静角"，还和她一起制作了"选择轮"。

2. 应用沟通技巧

尽管我在与孩子相处时能够较好地控制自己的情绪，但不知为何，在面对丈夫和其他家人时，我却显得不够宽容，容易对他们发脾气，情绪显得颇为不稳定。

当我和我的丈夫提起想学习家庭教育方面的课程时，他对我学习的事情持反对态度，认为这是不必要的开销。为了避免争吵，我选择花自己的积蓄报名学习，并悄悄上课。我甚至觉得他缺乏进取心，是在阻碍我前进。

"你看看你，每天这么早起床，也不知道在捣鼓什么，学了又有什么用？"每当我早起学习时，他都会这样数落我，让我十分生气。于是，清晨的宁静常常被我们的争执打破。在教育孩子的问题上，我们的观念也截然不同。他认为给孩子报兴趣班是浪费钱，而我却认为这是对孩子的投资。

有一天，在上班的路上，我试着向丈夫推荐了一个中医平台的产品，希望能帮助他缓解胃气问题。他立刻表示反对，认为我推荐的产品太贵，坚持说自己在网上买的药也能治好。接着，他又批评我容易轻信他人，总是被人骗。

我强忍着向他解释，这个产品是我自己用了半年多，确实看到了效果，而且身边的朋友用了也都说好。我是经过仔细观察和验证后，才推荐给他的，并不是一时冲动。

但他仍然不愿意尝试，反而开始翻旧账，数落我的不是。我忍无可忍，音调不自觉地提高，与他争吵起来。

正当我即将怒火中烧之际，心中忽然响起一句话，如同灭火器般让我冷静下来："丈夫是否有权以他认为正确的方式阐述自己的观点？""他有权！"我内心深处给出了回应。

刹那间，我的愤怒烟消云散，甚至对自己先前的暴怒感到几分滑稽。

"丈夫是否有权拒绝我的建议？"我继续自我提问。"他有权！"我再次给出了肯定的回答。

那一刻，我恍然大悟，为何对丈夫总是莫名其妙地恼火，看他哪儿都不顺眼，听他说话就觉得刺耳。原来，是我一直希望他能按照我的方式来行事，是我试图控制他，这与他想要管束我并无二致。

我还意识到，希望丈夫接受我的推荐，实则是内心深处渴望得到他的认同。原来，我情绪的背后，隐藏着一个未被满足的需求。这与孩子不良行为背后的原因本质相同——孩子之所以会有不良行为，是因为他们有未被满足的需求，而不知道如何正确表达，于是采取了他们认为有效的方式，如哭闹、喊叫、打人等，尽管这些方式在我们看来并不妥当。其实，成人也一样，在未曾学习过如何正确表达自己的感受和需求时，往往会采用他人不喜欢的方式。

还有一次，家里进行了翻新，我忙活了一整天，直到晚上九点多，才勉强将几十个纸箱里的物品大致整理好。我一口气灌下半瓶冰可乐，拖着疲惫不堪的身体，慢慢悠悠地走进浴室准备洗澡。我还不忘大声叮嘱在客厅休息的丈夫："厨房里正煮着温胆汤（一种中药汤包），开了以后帮忙倒进桶里……"

当我从浴室出来时，本以为客厅会有一桶调好水温的温胆汤等着我，却不料，丈夫正躺在他的"芝华士沙发"上悠闲地玩手机游戏。那一刻，我的怒火仿佛被瞬间点燃，直冲脑门！

"你搞没搞错……"正当我准备破口大骂时，一个声音悄然浮现："你丈夫是否有权不按照我的期待行事？""他有权！"奇迹般的，我那即将爆发的怒火竟然瞬间平息了。

我站在厨房门口，注视着悠闲自得的丈夫，内心开始了一场自我剖析（为了便于理解，我将自己分为两个角色进行对话）。

内心：希望丈夫准备好泡脚水，这是谁的需求呢？

外在：这是我的需求。

内心：那么，你的需求应该由谁来满足？

外在：我的需求，自然是由我自己来满足。

内心：你提出了你的期望，但丈夫是否有权不按照你的意愿行事？

外在：他有权。

…………

完成这番剖析后，我不禁笑出声来，丈夫听到笑声好奇地望向我。

于是，我向他讲述了这个剖析过程，并说："要是以前，看到你躺在沙发上玩手机没给我准备好水，我肯定会对你大发雷霆。但现在我学习了相关的知识，对情绪有了更深的认识，能迅速让自己平静下来。你有没有觉得我最近情绪稳定多了？"我趁机向他展示了一下学习的成果，让他感受到我学习知识对他也是有好处的。

"嗯嗯，确实是这样的……"他连连点头表示赞同。

当丈夫感受到我学习带来的变化，以及这种变化对我们的关系产生积极的影响时，他慢慢也就不再反对我学习了。有时甚至会主动照顾孩子，让我安心学习。

我也逐渐理解了他数落我的初衷，其实是出于对我的关心，担心我被骗，担心我休息不好影响健康，只是他不会表达而已。于是，我把自己学到的沟通技巧教给他："我感到……，因为……，我希望……"

前段时间，我跟丈夫提到想去学习职场引导师的课程（这是正面管教体系里的一部分），当时想着或许以后可以从这方面转换职业赛道。

他听后有些激动，第一反应是训斥我："整天去学这个学那个，你以为拿了证书别人就会找你咨询了吗……"他的话让我立刻进入了防备状态。

"哼，我学什么你都反对，从来没有认同过。"我心里虽这样想，但还是选择了沉默。

丈夫见状，立刻意识到问题所在，于是停顿了一下，用我教他的方式说："我觉得这不太合适，因为……"他开始表达自己的情绪，并说出他的想法。这真是太棒了，这正是我所期望的关系——不是一味地争吵，而是能够充分地表达自己。我感谢他真实地向我表达了他的想法，并表示我会认真考虑。

经过深思熟虑后，我告诉他："我决定不参加职场引导师的课程学习了，我仔细考虑过了，那并不是我真正想要发展的方向。我只是曾经接触过这个领域，但一直没有系统学习过，想要满足一下自己的情结而已。"渐渐地，我和丈夫的关系变得越来越和谐。

3. 直面自己的内心需求

在取得正面管教讲师资格后，我一直缺乏讲课的勇气，总觉得自己尚未准备充分，甚至不敢创建社群来分享家庭教育知识。我害怕社群无人问津，担心自己时间管理不当，无法持续提供有价值的内容，进而让他人失望；我还恐惧自己的分享不够出色，会遭到他人的嫌弃……

这些无形的担忧和恐惧，让我在创建社群上犹豫不决，拖延了整整两年。此外，我发现自己常常陷入自我怀疑的旋涡，无论是对自己的决策还是能力都缺乏信心，尽管偶有小成，但很快又会陷入停滞。朋友知道我的困境后，指出这是因为我的内在力量不足，试图通过外界的认可来填补内心的空虚和不足。她说："人的内心就像一块田地，恐惧和担忧等负面情绪如同田间的杂草和垃圾，唯有清除它们，才能让心灵的种子茁壮成长。"

在她的建议下，我了解了财富情感内观咨询师的课程。她就是通过这一课程，克服了内心的消耗，结束了盲目付费学习的循环，还实现了首个百万收入。

为了避免冲动决定，我特意给自己一段时间冷静思考，经过深思熟虑后，我决定加入学习。我反复听课，多次复训，经过半年多的学习，我逐渐突破了自己的心理障碍，勇敢地迈出了创建社群的第一步，做好了全然接纳的准备，一直不敢开启的个案咨询也安排了起来。这时候的我，真正明白了张德芬老师的那句话："亲爱的，外面没有别人，只有你自己。"

　　当我们接纳自己的不完美时，对别人也会接纳，允许别人表达他自己，允许别人和我们有不一样的观点，清晰了彼此的界限，便会放下掌控，关系也就变得和谐了。

乐春花，微信号：I7379727688。小学音乐教师，从教 26 年，培养近万名学生爱上音乐。连续五年被评为校优秀教师，荣获江西省崇义县三八红旗手。高级家庭教育指导师，曾举办六场公益家庭教育专场讲座，受益者上千人。

02　陪伴在先，教育在后

以前在我的认知里，总觉得不同的年龄段就要做不同的事情——在年轻的时候，要以事业为重，孩子可以交给老人带，等赚到了钱，再给予孩子更多的陪伴和更好的教育。

但事实证明，这样的认知是错误的。在时间的长河里，孩子不仅疏远了和我们的关系，甚至都不愿意再跟我们多说一句话。

1. 重新定义事业与家庭的优先级

我的孩子于 2003 年 10 月出生，当时孩子的奶奶还不到 50 岁，也不用上班，所以孩子五岁前主要是由奶奶陪伴。奶奶有早睡早起的习惯，孩子从小也养成了这种习惯。吃完早饭，奶奶喜欢带着孩子去外面逛，在逛的同时，她看到什么就会和孩子讲，也会引导孩子讲，无形中就让孩子学会了观察，学会了表达。

孩子小的时候喜欢搭积木，搭积木的时候不喜欢身边有人说话，我们就让他自己去研究，慢慢地就养成了专注的习惯。积木搭好后，我们会表扬他、鼓励他，让他下次能更有创造力地搭积木。他还特别喜欢玩沙子，喜欢把沙子装进瓶子里再倒出来，来回反复很多次；喜欢把沙子堆成一个小山，然后再将小山堆成各种形状。

因为孩子是家中的长孙，所以爷爷奶奶特别溺爱，他想吃什么他们就给买什么，他想干什么他们就让他干什么，他们允许他边吃饭边看电视，允许他边吃饭边走来走去。当我们教育孩子的时候，他们会加以干涉"孩子这么小，长大了慢慢就会改变"。

在我纠结的时候，身边的好朋友跟我说："你不能再这么只拼事业了。老人帮着带孩子，虽然为你节省了时间和精力，但是老人的认知和思维都有限，孩子的成长也会受限。你得把孩子接到你的身边来。"于是，我开始反思。

如果将孩子接到身边，我将需要投入大量时间照顾其日常生活，这会影响我专注于教学，打乱工作计划。原本的计划是若能多赚些钱，两年内或许能在市区买套房子，至少支付得起首付，减轻按揭压力。

如果让老人跟我们一起住，也不太现实，第一是当时的房子有点小住不开；第二是两代人的观念有些不同，我担心产生矛盾和内耗。最后和伴侣一起商量后，决定把孩子的教育和陪伴放在首要位置。

2. 用心陪伴，培养孩子的兴趣和习惯

当把孩子接到身边后，我和伴侣经常会探讨"怎样既能陪伴孩子，又能不影响工作"的话题。最终，我们商定了一个日常安排：早晨，我负责叫醒孩子进行晨练，为他准备早餐；中午，孩子在幼儿园度过；下午放学后，我接他回家。随后的时间里，伴侣陪伴孩子吃晚餐、散步以及洗澡等，而我前往培训班授课。周末，我带着孩子一起去培训班，我给他报了小提琴、绘画和演讲等多个兴趣班。这样的安排，不仅让伴侣减少了应酬，身体愈发健康，而且还拉近了父子关系。

随着培训中心的规模不断扩大，我将主要精力放在了培训中心上，孩子在小学阶段主要由伴侣陪伴。每个周末上的兴趣班，也为孩子日后的全面发展打下了坚实的基础。他通过学习绘画，色彩感知力得到了提升；学习小提琴，增强了对音乐的感悟，为他日后参与社团活动奠定了基础；学习演讲和主持，让他的表达能力得到了显著提升。

进入初中后，有几件事情让我印象深刻。我一直有写日记的习惯，主要记录当天的点滴。有一次，我做完培训中心的教学汇报后，在日记本上写下了一篇总结，分析了自己做得好的方面以及需要改进的地方。

孩子无意间看到了我的日记本，竟跑到自己房间也写了一份期中小结。他反思了自己因粗心导致数学题做错，没能考到满分，并表示要多阅读以积累写作素材，提高写作水平。这件事情让我意识到，在孩子行为习惯养成的关键时期，父母首先要以身作则，然后再陪伴孩子一起成长。在陪伴的过程中，我们要善于发现孩子的每一个进步点，并给予鼓励和肯定。

在陪孩子练小提琴的过程中，他也时常不愿意练。于是，我把期望值降到最低，每天牺牲午休的时间，陪着他只练 10 分钟。有时候，他还让我帮他打开小提琴盒，练完琴再帮他装回去盖好盒子。虽然这些事看起来微不足道，但为了孩子能坚持练琴，我还是每次坚持帮他做好。当他慢慢养成了练琴的习惯后，我再鼓励他，让他自己打开琴盒和收好琴，练琴的时间也由 10 分钟慢慢增加。其间，我也会经常鼓励孩子："今天拉得比昨天更流畅了，音也更准了，持琴姿势也更好了。"

孩子喜欢玩游戏，我要求他写完作业才能玩。刚开始，我发现即使要求了孩子，孩子也不照办。我曾经摔过他的手机、断过网线，准备了诸多措施都没有起到任何作用。后来，通过学习家庭教育相关的知识，我学会接纳他玩游戏，有时候还会说："教妈妈玩一玩，好吗？"慢慢地，他的内心开始发生变化，我越不说他，他反而觉得玩游戏是不对的，会说："妈妈我就玩 10 分钟，到了 10 分钟你就告诉我，我就不玩了，我就去写作业。"

随着学习课程的增多，学习压力增大，有时候他会偏离方向。这时候，我会和他一起做计划，帮助他明晰目标。我是一个目标性很强的人，每天早晨都会做当天的日程规划，在我的影响下，孩子也开始制订他每天的学习计划，我来辅助他定好学习目标。

在关注学习的同时，我也会关注孩子的朋友圈。同为老师，我更清楚，老师非常希望家长能多主动交流，比如了解孩子在学校的上课表现情况和作业完成情况，我们也可以把孩子在家的表现向任课老师反馈，做到家校合一。

记得孩子读高中的时候，因为物理成绩一直上不去，所以越来越不喜欢物理老师，他经常跟我说："物理老师讲的内容云里雾里。"这时候我跟孩子说："要看到老师好的地方。"然后，我跟物理老师经常沟通，并提到了孩子的优点，希望老师能帮到他。经过一段时间的调整，孩子又重新喜欢上了物理。

3. 亲子共成长，树立正面榜样

通过学习家庭教育，我学会了倾听，学会了闭嘴，孩子不再觉得我唠叨，也更喜欢跟我交流。为了提高自己的认知，我决定多阅读，于是把阅读的时间定在每天早上6:30~7:00。时间久了，他在我的影响下也慢慢喜欢上了阅读。

到了高三，每周都在考试。他把成绩看得很重要，如果没考好，他就会焦虑、徘徊，总问自己："为什么有些同学没我认真，考得却比我好？"这时候我就开始向老师和身边有经验的朋友请教。我告诉他："考试就是照妖镜，一次次的考试，投射出已经掌握了的知识点和未掌握的知识点。不要太在乎结果，我们要看自己错在哪里，然后通过请教老师，通过自己做题，把没掌握的知识点弄懂。"庆幸的是，孩子把我的话听进去了，并且照做了，考试成绩一次比一次好，增加了他应考的信心。

在高考冲刺的最后 100 天里，那段日子他的情绪起伏不定，我都格外留意他的情绪波动。我们在学校附近租了一间房，每到傍晚，我都会到校门口接他，随后一同回到住处。高考前一个月，学校氛围愈发紧张。他时而焦虑，时而纠结，又时而想通过游戏来逃避现实。但是，游戏之后他又会自责。为了彻底摆脱游戏的诱惑，他主动将手机交给班主任，约定高考后再取回。见状，我也开始使用老年机，陪他一起度过这关键的一个月。

他越迫切希望提高成绩，反而让他更加焦虑，甚至考试时手会发抖，严重时会以头疼、肚子疼等理由逃避考试。

我非常理解他的情绪，也很想帮助他，于是选择默默陪伴他。在他想跟我聊天的时候，我积极配合，做到坦诚沟通。在陪伴他的过程中，我降低了对他的期望值，跟他说"高考只是人生的一小部分，不是全部，放好心态，好好考就行"，也不再要求他应该怎么样，全力做好后勤工作。孩子跟我说："妈妈，以我的实力，考个一本是没有问题的，如果要考 211、985，那就要看运气。"我说："妈妈相信你，你只要以好的心态认真面对就可以，我接纳一切。"

在高考的三天里，我们持着轻松愉快的心态共同度过。我负责送他至考场，考试结束后再接他回家。中午和晚上，我不问考试情况，更多的是倾听孩子的心声。当高考成绩揭晓时，他以班级第一名的优异成绩被上海交通大学录取（真的是超常发挥）。

收到录取通知书的那一刻，我激动得泪流满面。回顾这五年多的陪伴时光，我深感所放弃的一切都是值得的。在陪伴孩子的过程中，我深刻体会到了高质量陪伴的重要性——与孩子相处时，应全心全意，关注他们的需求和想法，切勿心不在焉，一边陪伴孩子一边处理工作事务，因为孩子能敏锐地感受到这些。

在此，我想对读者朋友们说，在孩子小的时候，陪伴

他们养成良好的行为习惯，保持他们的好奇心，这是极其
重要的。同时，我们也要不断提升自己的认知，学会如何提
问、如何鼓励、如何激发孩子的内在动力。若想让孩子成为
理想中的人，我们首先要成为那样的人。不要因年龄增长而
放弃自我成长，寄希望于孩子将来能超越父母。如果我们自
己都不成长，又如何能引导孩子呢？父母是孩子的榜样和天
花板，愿我们始终走在学习的道路上，为孩子提供更多的引
导，让他们飞得更高、更远。

田春，微信号：Tyy928180016。曾从事高中英语教学二十余年，于 2018 年至今从事高中心理健康指导工作，2023 年被聘为贵州省妇联省级专家库讲师，同年获得遵义市家庭教育先进个人，擅长家庭教育、心理咨询，并通过讲座、直播等公益方式传播家庭教育。

03 尊重、理解和信任，从对方的角度看问题

养育子女的过程，实则是一个不断发现问题并着手解决的过程，它推动着父母与孩子共同成长。对于职场中的父母而言，在平衡工作与育儿之间，面临着许多挑战。在家庭中，若像在职场中一样苛求细节，事事计较，不仅会消耗孩子的能量，还可能会削弱他们的幸福感。所以，营造一种轻松愉快的家庭氛围，孩子可以感受到更多的自在与松弛。

有些孩子在父母面前总是表现得小心翼翼，生怕犯错。比如，吃饭不小心掉落食物，会被父母责备；走路不小心被绊一下，会被父母指责走路不专心；不小心打破一个碗，会

被父母说一整天。在这样的环境下，孩子每天面对的是父母无休止的唠叨和大声斥责，他们渐渐学会了压抑自己，不敢大胆思考和行动，思想也逐渐变得不独立。作为两个孩子的父亲，我在抚养大儿子的过程中，亲历了生活中种种家庭矛盾、亲子关系以及亲密关系的问题，深刻体会到了家庭相处模式的重要性。

1. 站在对方的角度看问题

记得哥哥九岁时的一个周末，我和他妈妈与朋友约定好要带着他一起出去玩。结果，他怎么都不愿意去，我告诉他必须去，他就是不同意，于是我大吼他："必须去！"并且还动手拉扯了他。他虽然跟着我们去了，但一整天都闷闷不乐的，基本不说话，也不愿意和其他小朋友玩。

2017 年秋，哥哥考入市里的重点中学。我在学校旁租了一间房，每周五将他接回来。同年年底，我学习了家庭教育的相关知识，认识到自我成长与接纳对理解和接纳孩子至关重要。

2018 年 4 月的一个周五，我中午有事耽误了一会儿，也没来及吃饭，匆匆忙忙往学校赶。赶到校门口时，家长们已排起长队。放学铃声一响，学生们蜂拥而出，我踮着脚尖寻找他，未料他先看到了我。

我们手拉手走下学校门口的石梯，来到热闹的小吃街。他突然跑向一个摊位，买了两个热狗，递给我一个："爸爸，我们一起吃。"我接过热狗，心中涌起一股暖流。我知道，对于每周封闭学习、期待周末的他来说，这不仅仅是一份小吃，更是他快乐心情的表达。

我笑着说："儿子，爸爸今天没有吃午饭，有点饿，一个可不够哦。"他把另一个热狗也递给我，并说："爸，这两个你都吃了，我再去买一个。以后要记得多吃饭，不要饿着肚子。"然后，他飞快地又跑过去那个摊位又买了一个热狗。简单朴实的语言，我感受到了儿子对我的关心和爱。我们俩边吃边聊，聊他们学校发生的新鲜事儿——班主任哪天生气了，哪些同学又闹小矛盾了，哪位同学又被惩罚了，等等。

上了高中后，我还是每周五去市里陪他，只是不用去学校门口等，在家做好饭等他回来。某个周四，我在家长群里收到了老师的一条消息，班上有两位同学没有完成语文老师要求背诵一篇文章的作业，其中就有他。我不知道他是因为什么原因没有完成，打算第二天见到他的时候了解一下情况。

儿子放学后回到家，跟我打了声招呼，然后把书包往沙发上一丢，掏出手机开始玩了起来。我说："儿子，今天我碰到你的语文老师了。"他说："然后呢？"我说："她说你最近的表现总体不错。"他又问："然后呢？"我说："她提到你有一篇文章没有完成背诵。"他又问："然后呢？"我说："我想了解一下没背的原因。是不是课文太难了？"他说："不难，没有原因。"我说："那是身体原因吗？"他说："不是，没有什么原因，就是不想背。"

我想他可能是因为学习压力较大，于是说："那行，你想背的时候再背吧。"接着，我就去准备饭菜了。

饭菜做好后，我们一起专心吃饭，我也没有再问关于学习的事情。我想，还是要给他理解、信任和尊重。我知道，强迫不能解决问题，只会让亲子关系变得越来越差，于是就默默地陪伴着他，在必要的时候会提醒他控制玩手机的时间。

一眨眼，他高中毕业了，离开我们去上海读大学。我没有担忧，没有焦虑，只是祝福孩子能幸福快乐地成长。

2. 教育是做给孩子看

哥哥比弟弟大 12 岁，当哥哥读大学的时候，弟弟正好开始读小学。孩子妈妈的时间相对紧张一些，于是陪伴弟弟的任务又落到了我的肩上。

某天早晨，我和他准备吃早餐，我帮他把牛奶的盖子打开。他把牛奶往杯子里倒的时侯，由于力度控制不到位，不小心将牛奶洒在了桌子、地面和他的衣服上。他看了我一眼，我也看了他一眼，我快速拿了一张餐巾纸帮他擦衣服，边擦边说："没关系，我们看看现在怎么解决一下这个问题。"

他说："我去拿拖把来。"接着，开始卖力地拖地板。很明显，他感受到了我对他的接纳。刚刚清理完成，我开始倒牛奶，巧合的是，我发生了同样的事情。我突然感到有些尴尬。这时，他反应特别快，连忙说："爸爸，不怕不怕，我去拿拖把来，我们一起弄干净就可以了。"

我特别感动，也特别有成就感，也更加确信一点：教育不是批评、指责、埋怨，而是要做给孩子看。

每天放学后，不管作业多还是少，他从来不主动做作业，每次都需要我提醒他。后来，我试着先在情绪上与他共情，主动征求他意见："儿子，我们在学校学习了一整天，终于回家了，可以放松一下，你看是先休息一下还是先完成作业呢？"

他说："先玩一会儿再完成作业。"我说："咱们玩 15 分钟？"他说："好呀。"征求他意见的时候，他感觉我好像懂他的心思，理解他的情绪。他会在主动玩一会儿后便快速进入写作业的状态，情绪也相对稳定，效果也比平时要好得多。

人是社会性动物，是高级动物。在社交、生活中，人会因参与各种活动产生不同的想法，并且产生各种情绪。做好理解共情，形成良好的沟通，各种关系都能被很好地解决，效果也就不言而喻。

陪伴是最长情的告白，有效陪伴就像一杯温暖的茶，要用心去感知对方的需求和情绪，让彼此的内心更加贴近。在陪伴的过程中，学习是最重要的。通过学习，我能听见对方的声音；通过学习，我能理解对方的行为，能共情到对方背后的需求和情绪。沟通有方法，才能做到情绪不失控；沟通不伤人，才能培养出优秀的孩子。

笔记栏

第 4 章

保持成长心态，提高人生效率

在成长的路上，我们常常面临各种挑战和困境。成功与否，很大程度上取决于我们的心态。在职业生涯中遭遇失败时，我们要以积极的心态面对，并从中汲取经验，使挫折成为成长的契机。努力在新的领域中取得成功，并获得职业上的认可与成就。本章的几篇文章，将与你分享在面对生活中的各种挑战时，如何保持积极心态，持续提升自我，并通过帮助他人来实现更大的个人成长。

芳心海岸，微信号：H6786783191。三十六年银行从业经历，退休后考取国家二级心理咨询师、婚姻家庭咨询师（三级）、中级音乐治疗师。擅长一对一心理咨询，致力为每一位求助者提供专业的支持与帮助。

01　培养成长心态，让改变立刻发生

岁月匆匆，犹如白驹过隙，当我蓦然回首，那一串串深浅不一的足迹，记录着沿途遭遇的挫折、历经的磨难以及每一次自我提升的飞跃。它们如同无情的鞭策，驱使我勇往直前，在成长的道路上不断蜕变。

在职业生涯的前二十五个春秋里，我始终坚守在运营管理的前沿阵地，以会计主管或监督者的身份，默默耕耘。家庭教育的熏陶，加之工作性质的锤炼，塑造了我严谨认真、勇于担当的人格。它如同璀璨的星辰，照亮了我前行的道路，也为我赢得了各阶段"优秀先进工作者""业务骨干""技术比赛能手"等荣誉。

1. 培养成长心态

2011 年夏天，领导叫我到办公室时，我心中充满了期待和兴奋。我暗自猜想，这次或许是为了提拔我至主任之位。然而，领导的第一句话如晴天霹雳，让我感到震惊和失落："你在这次电脑录入记账资格考试中竟然考了倒数第一名。按照现在的要求，考试未通过就不能继续在这个岗位工作了。"

这突如其来的打击让我呆坐在那里，回忆起考试那天的情景。考试考到一半时，我的电脑突然死机，随后我将电脑关机并重启，这个过程导致我影响了考试成绩。我试图解释，但显然已无济于事。这二十三年的职业生涯，我从一名会计记账员一步步晋升至总部的会计监督主管，那一刻，面对如此突如其来的失利，要重新面临回到基层，从事其他岗位，我的内心非常痛苦。

不幸的事情总在最不经意时发生。正当我为职务调整而焦头烂额时，母亲又突然生病住院。这两件事几乎同时袭来，让我陷入了双重困境。当我在医院陪护母亲，听着她病痛的呻吟声时，突然接到上级的电话，要求我报名参加基层会计主管的资格考试。我没有告诉母亲关于工作的变动，也无暇顾及任何考试。最终，我接受了现实，回到了最基层的普通员工岗位工作。

面对考试的失败，我心中充满了委屈和无奈。失败通常带有负面的含义，常常意味着机会的丧失、自尊的受损，甚至在社交生活中的尴尬。失败触动了我们内心最深处的恐惧，那就是不被接受和认可的恐惧。

然而，我知道，在人生的低谷中，我必须找到解决问题的方法与重新振作的力量。我开始审视自己，寻找问题的根源。自参加工作以来，我一直以平和的心态对待生活中的起伏，无论是幸运还是不幸，我都学会了从中吸取教训，持续成长。这次考试的失利，竟意外地成为我人生的转折点，让我不得不重新全面思考。我恍然大悟，人应感恩一切，因为不幸也是人生的一部分，它磨砺了我的心智，可让我迅速成长。

我很快接受了现实，也认识到，失败并不是终点，而是新的开始。

2013 年，我的命运再次经历了翻天覆地的变化。我接到领导的通知，将我从深耕了二十五年的会计岗位，转至一个全新的、更具营销性质的理财经理岗位。这一决定让周围的人感到困惑不解，他们质疑我为何要放弃多年精通的老本行，更何况在年龄偏大的情况下，如何能够胜任理财经理这样需要高超沟通技巧的岗位。（理财经理不仅要熟悉业务产品，更要具备良好的沟通能力，以维护和管理支行的中高端客户，并从全行的战略高度去发展客户。）

当时，支行行长召开了两次动员大会，强调每家支行都必须设立理财经理岗位。然而，大多数员工都安于现状，害怕失去稳定的营业室内的工作，因此没有人愿意主动报名。面对这个前所未有的挑战，我开始思考自己的人生方向。在领导的鼓励下，我决定勇敢地接受这个挑战，成为一名理财经理。

在理财经理资格认证的基础知识考试中，我凭借扎实的准备和出色的表现，最终以总行第三名的优异成绩顺利通过。紧接着，在 2014 年 3 月，我又成功通过了总行第一班的理财经理资格认证培训考试。

在培训结束的那天，我遇过了一个意外的挑战——被随机抽中进行即时演讲，主题是"我的一次重大人生感悟"。我深吸一口气，走到台上，将我的经历和感悟娓娓道来。演讲结束后，现场先是一片寂静，随即爆发出热烈的掌声。总行财富管理部的总经理对我的演讲给予了高度的赞赏和鼓励，这让我更加深刻地理解了"无论过去经历了什么，每天都是生命新的开始"这句话的深刻含义。这句话从此成为我每天努力奋斗的动力源泉。

刚到理财经理岗位时，我遇到了诸多挑战与困难。面对重重困难，我并未退缩，而是选择不断学习、摸索。通过行内系统的培训与行外广泛的学习，我逐渐适应了岗位的需求，并开始尝试创新服务方式，以吸引更多的客户，进而提升银行的品牌形象。

2015 年 5 月 29 日，我发起并策划了第一期具有独特特色的"银行客户沙龙公益联谊会"。这场活动旨在让客户在获得物质财富的同时，也能获得精神上的满足与提升。活动结束后，银行的相关媒体不仅刊登了《创建特色联谊，打造"温馨银行"》的专题文稿，参与活动的客户也纷纷撰写了以"我和银行的故事"为主题的文章，其中一篇还荣获了优秀奖。此外，这次活动在总行 2015 年优秀品牌营销案例评选中荣获了"优秀零售营销案例奖"。这一成功案例让我深刻认识到，成功并非一蹴而就，而是需要不断地磨炼与成长。

公益联谊活动结束后，我又积极参与了我行微信公众号的搭建工作，并发表了题为《欢迎您来"幸福银行"》的文章。该文章有幸参加了总行首期"微信江湖，等你来战"的竞赛活动，并荣获了"金小编"奖。回想起当初行长指派我去总行参加公众号书写沙龙培训时，我内心其实并不愿意，因为这样的活动通常都是为培养年轻大学生而设的。然而，在行长的坚持与鼓励下，我最终挖掘出了自己的潜能，突破了内心的恐惧，开启了写作的征程。

心理学家认为，"我们的生命经历完全是我们自己造就的"，而"我们的一思一念，都在创造我们的未来"。生命的觉醒告诉我们，每个人都本自俱足，拥有无尽的潜能、天赋与力量。只要我们能找到明确的目标，持之以恒地精进奋斗，就能不断突破自我。正如埃利斯所言："人并非为事情本身所困扰，而是被对事物的看法所困扰。"往往是那些负面的限制性信念，让我们将路越走越窄。然而，所有的问题都是觉醒的机会。只要我们以乐观成长的心态去面对，保持持续学习，种下真善美的种子，那么曾经无意识中种下的不良种子终将被取代。

从低谷到巅峰的成长历程让我深刻体会到，磨难与挑战是人生不可或缺的一部分。它们不仅不会将我们击垮，反而会促使我们更加坚强地成长。经历了这些，我更加坚定了一个信念：每一个困境都是人生转变的契机。只要我们不断学习、勇于挑战自我，最终就能在风雨中站稳脚跟，实现自我价值，并迎接更加美好的未来。

2. 持续学习和自我提升

生命的成长是一场持续的旅程，它包括不断地认识自我、挖掘潜力、完善自我、挑战极限以及奉献他人。在这条道路上，我们深知，那些未曾付出努力的事物，是永远无法真正获得的。在服务客户的过程中，我深刻体会到，客户所追求的，不仅仅是理财方面的物质满足，更是在这个纷扰复杂的会中，对精神层面关怀的迫切渴望。

为了不断提升自身的价值，更好地实现自我成长，并帮助更多需要帮助的人，我始终保持着学习的热情。我自费参加了心理咨询师、婚姻家庭咨询师等各种专业培训课程，并在 2015 年成功获得了国家二级心理咨询师资格证书和婚姻家庭咨询师资格证书，2017 年又获得了中国音疗师证书。这些学习和培训经历，让我掌握了多种有效的疗法，能够更有效地改善自己及客户的情绪和身心状态。

　　记得有一次，一位陌生的客户激动地向我倾诉了她的种种不幸。幸运的是，我那时已经具备了一定的传统文化知识，于是我将这些知识以及我的个人感悟传递给她，同时巧妙地运用了心理咨询和婚姻家庭咨询的技巧来安慰和开导她。后来，我得知她的内心逐渐恢复了平静，对未来也重新燃起了希望。

　　在与客户交流的过程中，我总能以专业的方式，运用所学的心理咨询和疗愈技巧，为需要的客户提供心理疏导和能量疗愈。与其说我是一名银行资深金融理财顾问，不如说我更像是一名身心咨询与疗愈的咨询师。我优异的工作成绩，很大程度上得益于我所学的心理基础知识。

　　退休那天，我收到了一束精美的花，花中附有一封感人的信笺。信中写道："谢谢你的存在，让我有了想成为的人。看着你与客户的交流，我学到了很多。遇到你这样优秀的前辈，让我更加坚定了努力工作的信心。我希望自己能像你一样，认真负责、专业耐心，全力以赴去做好每一件事。你是我尊敬的前辈，希望你永远健康快乐地生活，享受属于自己的时光，去做更多喜欢的事。"这段话让我倍感惊喜，因为它让我意识到，我的成长不仅在工作中得到了体现，还在无意中成为他人的榜样。这种感受赋予了我更大的力量，激励我不断完善自己，并以自己的光芒去照亮他人。

退休后，仍有许多客户习惯性地来找我。她们依依不舍地表示："看你还是那么年轻，怎么就退休了呢？"有一次，孙阿姨的女儿刘女士打电话向我咨询业务时，提到她母亲已经 93 岁了。刘女士感慨地说："许多人她都已遗忘，但她却似乎将你深藏在了记忆里。即使别人不提，她也常常念叨你。"听到这些，我很庆幸自己的存在能给他人带来不一样的意义，觉得自己的时光没有白费。

的确，"老吾老以及人之老"。在工作期间，我总是将心比心、换位思考。每当面对年长的阿姨们，我会想起我勤劳善良的母亲，她用一生教会我如何行善；面对那些年长的叔叔大伯们时，我则会想起我的父亲，他曾荣获三等功奖章，一生刚正不阿。我的父母用他们的一生诠释了对家庭、工作和社会的积极奉献，他们是我永远的榜样，照亮着我成长的道路。

3. 利他之心与感恩态度

2020 年 12 月下旬，父亲刚从重症监护室转出，精神状态虽显矍铄，可我却因特殊缘由，未能及时伴其左右。及至我归家，父亲已溘然长逝，这份无奈让我痛彻心扉，深刻体会到"树欲静而风不止，子欲养而亲不待"的哀伤。至亲的离世让我顿悟，世间万物，唯生死为大，其余皆为细枝末节。

父母如同生命的导师，引领我逐渐领悟人生的真谛，教会我如何把握与放下。他们用一生的经历唤醒我，指引我走上正道，致力于追求更有意义的事业。

退休前三年的工作经历，是我最为艰难且充满挑战的时光。父亲病重需要人照料，工作繁忙需要我全力以赴，客户咨询又需要我耐心解答。在多重压力之下，我通过自我疗愈与成长，逐渐找到了生活的平衡。我的业绩获得了全行第一名，被授予"钻石金融顾问"的称号。当我手持鲜花与奖牌站在领奖台上，泪眼婆娑地走过熟悉的街道，心中默念："爸爸，我成功了，您能否看见？您是否为我感到骄傲？我的使命又是什么呢？"

我常回想起父亲在病床上的情景，他指着医疗器械对我说："……拿了，拿了，拿不起、放不下，怎能成功？"这句话成了我们永别的遗言。父亲的话语虽简短，却富含深意。

在那些灰暗的日子里，是白杨老师帮助我走出了困境。

岁月如歌，回望过去的困惑与坎坷，虽已归于平淡，但那份利他之心仍铭记于心。远在天堂的父母，他们的一生言行激励我不断前行。

我的成长故事并未结束。我将以更开放的心态迎接每一次学习机会，以积极的态度面对每一个有缘人，为他们带去幸福与美好。我愿作为写作者，用我的人生剧本传播爱的疗愈与文化，希望因我的存在，能让更多的人变得更好。

一路走来，我感恩于父母、亲人、领导、老师、同事和客户们，以及我的闺蜜好友。我愿成为那道光、那份爱、那条管道和那座桥梁，在助力他人、服务社会的道路上不断探索与前行，奉献我的一生。

黎旭，微信号：xflx698698。国家二级心理咨询师，高级家庭教育指导师，高级中医健康管理师。二十余年管理经验，十七年个人成长教练经验。擅长心理学、管理学、个人成长，美篇文章访问量达百万人次。

02　放下得失心，只管努力

回顾我这几十年的人生历程，数不清经历了多少大大小小的事情。我发现，在人生的每一个重大转折点上，我都能够恰到好处地把握机会，因此，在朋友和同龄人眼中，我算得上是个"人生赢家"。我一直视自己为终身学习者，并坚信：只要你想改变，无论何时开始都不算晚。只要不放弃自己，希望就永远存在！

在追求每个目标的过程中，我有一个至关重要的方法：那就是放下得失心，全力以赴去努力。

1. 确诊癌症，晴天霹雳

2013 年，我在进行 HPV 检查时，被疑似诊断为宫颈癌。经过进一步的椎切检查，确诊为宫颈鳞状细胞癌。在那个年代，癌症如同一个恐怖的魔咒，一旦提及，便如同给家庭带来了一场灾难，让人措手不及，晕头转向。

亲戚朋友得知我患病后，纷纷前来探望。他们那同情又怜悯的眼神，透露出内心的恐惧，这让我感到更加烦恼和无助。我仿佛看到了自己生命的倒计时，感觉前途一片渺茫。

我的内心充满了焦虑与不安，开始担心治疗是否会人财两空，担心自己离开后孩子们和丈夫该怎么办。我被这些未来的恐惧压得喘不过气来，一个人常常默默地流泪，总感觉自己是一个没有希望的人。

然而，在一次偶然的机会中，我听到了一首歌曲，它让我改变了内心的想法。在那首歌里，我仿佛听到了自己内心的声音，感受到了自己的遗憾。我意识到，我不能就这样坐等时光消逝，必须要做点什么。

我想到，我的父母还健在，如果我先于他们离开，那将是不孝；我的孩子们还那么小，我不能陪伴他们成长，那将是不负责任。更重要的是，我还没有学会如何爱自己。

于是，我决定不再逃避这个叫作"宫颈鳞状细胞癌"的疾病。我把它当成和"感冒"一样的病症来接受，该吃药就吃药，该打针就打针，该怎么治疗就怎么治疗。我把一切都交给了专业的医生，自己只负责积极配合治疗。我相信，就像感冒有三天能好的，也有七天能好的，最终都会好起来一样，我也一定能够战胜这个疾病。

2. 放下得失，接受一切

从接受治疗的那一刻起，我便不再执着于未来的结果。未来如何，那是未来之事；而我，只需珍惜当下。我告诉自己，只要我还活着，就要尽一天孝于父母，就要做好一天的母亲，与孩子共度每一个瞬间；就要学着爱自己，哪怕今天就是生命的最后一天，我也要尽心尽力地过好它。我不再被未来的恐惧所束缚，而是学会从现在开始，不让生活留下任何遗憾。

针对宫颈鳞状细胞癌，我接受了医生提出的手术加化疗的治疗方案。在医院治疗期间，我时常戴着一个包裹式耳机，并随身携带一支笔和一个笔记本。耳机里播放着歌曲，其中有一首《生命的河》，我反复聆听。那欢快的旋律和歌词，如同一股清泉，缓缓流进我的心窝，带走了我心中的忧伤和乌云，让我的心情变得越来越放松、越来越轻松。

我用笔记本记录下了每天的心情和想法。无论是心情好或不好，以及那些不想与别人分享的话，我都一一写在了本子上。这个笔记本成了我敞开心扉、表达情绪的出口，我给它起名为"成长日志"。

（从 2013 年 10 月到 2014 年 2 月，这一百天里，我的身体经历了两次全麻手术：一次是子宫切除术，一次是盆腔淋巴结清扫术。同时，每月我还需要接受一次化疗，总共做了六次。那段时间，我在医院和家之间来回折腾，但相比手术和化疗带来的身体伤痛，这种折腾其实也不算什么。）

子宫切除术我选择的是微创方案，虽然术后肚子上只留下了几个小洞，但术后肚子里的气乱窜，让我疼得难以忍受。活检结果出来后，我的病情被重新评估为宫颈中低分化鳞癌 la2 期，医生告知我还需要再做第二次手术，而且前后两次手术必须在一百天内完成。

化疗也是治疗方案的一部分。由于个体差异，每个人的反应都不一样。我开始化疗后，胃口变得很差，不想吃饭。

一闻到带有荤腥味道的食物，就感到恶心。于是，我开始选择喝粥和吃其他清淡的食物，逐渐转向素食。

第二次手术，盆腔淋巴结清扫术采用的是开腹方案。这次手术对身体的损伤很大。术后恢复的过程十分艰难，需要排气后才能进食。由于携带尿管时间长，取了尿管后我不会自主排便，小肚子憋得像鼓一样。膀胱神经系统受到损伤，大脑也接收不到排便信号。连平时习以为常的行动，如单独行走，都变得困难重重。这份体验实在太艰难了，让我深刻体会到做人的不易。

于是，我在心里默默给自己立下了一个方向：无论发生多么艰难的事情，只要我能熬过今天，明天早上睁开眼睛看到第二天的太阳，我就是赢家。我怀着这样一颗心，不再去想被疼痛折磨的身体，而是珍惜每一个朝夕，活好每一个瞬间，感恩每一个相遇的片刻。这份刻骨的生命体验让我学会了放下结果、放下得失，只专注于当下的美好。

3. 发现兴趣，滋养心情

我带着放下结果、放下得失的心态，接受一切事情的发生。改变不了的时候，我就放松身心，让音乐陪伴着我。在成长日志的字里行间，我细心记录着每一步前行的足迹，无论是细微的喜悦，还是艰难的挑战，以及面对自我时的不易，都是我珍贵的记忆。终于，我度过了化疗的艰难时期，出院回家休养。我开始锻炼身体，每天保证晒太阳，不能下楼时就在阳台晒太阳，能走路时就先在小区里慢慢走。慢慢地，身体恢复一些后我就到汉江边慢走，再后来就在汉江边快走。

2014 年 4 月 17 日，当我第一次能够走下楼时，春天的气息如潮水般涌来，青草与花朵的芬芳交织，让我沉醉。看到石板上遗落着一个不知谁用新生的柳条编的头环，我瞬间被带回自己小时候玩耍的场景。小时候我是一个顽皮、喜欢爬高的孩子，整日和小伙伴在田间地头奔跑打闹，那份快乐，让内心的天真一直驻扎在心底。

这份记忆触碰到了我内心最柔软的地方，那是一种无法言喻的意境，是我心中最真挚的诗篇。它源自心灵深处的真实，不造作、不虚假，是我与自我最真诚的对话。于是，我开始用诗歌来表达这种内心的感受："绿叶与鲜花为伴，美，无时无刻不在我们身旁。卸下防备，放下重负，一切变得如此纯净、自然。"我将生活中的每一个触动心灵的瞬间，都化作了诗歌，让自己的心灵变得愈发纯净。

此外，我还为自己列了一份遗愿清单，旨在不留遗憾。清单上的内容，既是对自己人生的规划，也是对家人的责任：我要陪伴父母至他们生命的尽头，我要将孩子抚养成人；我还要游历祖国的大好河山，如敦煌、新疆、西双版纳等地。若生命还有更多时光，我渴望将自己的故事记录下来，分享给更多人，希望能以我的经历照亮他人的心灵。此刻，正在阅读这篇文章的你，便是我愿望实现的证明。

我珍惜每一天，努力活出儿时的那份纯真与真实，让自己的生活充满鲜活与灵动。我勇敢地去体验生活中曾缺失的部分，努力融入健康人的生活，对感兴趣的事物，我都会花时间去体验、去学习。古筝、写意画、毛笔字、古诗词、滑翔伞……在尝试了一圈之后，我选择了能够长期持续的爱好并坚持下去，因为兴趣更能够滋养心灵。只有真正去体验，才能发现自己的潜能与喜好，从而作出正确的选择。

为了激发并唤醒身体的潜能，我报名参加了很多全国性的活动，比如长途徒步活动。2018 年 4 月 29 日，我从黄石步行一百三十八千米走到黄梅。在这三天的活动中，每天是真的感到累。由于我从未挑战过身体也没有激发过它，第一天刚出发，走着走着开始打雷下起了雨，湿透的鞋袜、磨破的双脚，加之雨衣下的闷热与疲惫，让我的每一步都显得格外沉重。那一刻我想放弃的心都有了，但大脑里有一个声音对我说："你为什么要来参加徒步活动？"是啊，我为什么要来参加徒步活动，我不就是想来激发和唤醒自己的身体，与身体建立全新的联结吗？遇到这点困难，就准备放弃目标打道回府吗？

是啊，是它提醒了我，还好我没放弃坚持了下来。通过这次对身体的挑战，我真正地体验到了，一个人只要真正地相信自己，那一刻你就无所畏惧，正如武侠世界中的"天下无敌"，真正的对手唯有自己。这次徒步，不仅是对身体耐力的证明，更是心灵力量的觉醒。它让我确信："只要我相信，我就必定能够达成。"这份自信，成为我后续参与两次马拉松赛事的强大动力，每一次参与，都是向着胜利迈进的坚实步伐。

为了更深入地理解情绪管理，我学习并考取了心理学的相关证书。在学习家庭系统理论的过程中，我仿佛获得了一面镜子，清晰映照出我在原生家庭中的位置、与父母的关系，以及那些长久以来隐藏在心底的负担。在工作坊中，我痛快地哭泣，那是对过往压抑的释放，也是对自我内心深处的看见——看见了内心的诉求、伤痛与渴望。这一过程，使我逐渐放下了内心的包袱，与家人达成了和解，实现了心灵的自由。

为了调养身心，我又进入中医健康管理的领域，学习吐纳、八段锦、易筋经等。同时，为了回馈社会，我积极参与志愿者活动，特别是针对老年人的爱与陪伴服务。2020 年 1 月，父亲因病离世，我用所学的爱与陪伴的方法，让父亲平静安详地离开。

在孩子的成长道路上，我学习了家庭教育方面的知识。孩子从小学到高中，我始终陪伴在侧，与她共同面对挑战，共同成长。孩子教会了我无条件的爱，她的每一步成长，都是对我最好的教育。可以说，孩子才是我亲子关系中真正的导师，她的成长历程激励着我不断学习，让我成为更好的家长。如今，孩子已顺利度过高中，高考取得佳绩，踏入了大学的校门，开启了属于她的青春篇章。虽然我们不能常伴左右，但家的温暖与支持，永远是她最坚强的后盾。

若以五年为一个成长周期，我已顺利跨越了第二个五年，正稳步行进在第三个五年的征途之中。对于未来，对于生命的终极长度，我并未过多思量，深知这些并非我能全然掌控。我所专注的，是如何充实地度过每一个当下，细细品味生活的每一刻，以一颗平和之心，拥抱每一个黎明与黄昏。

现在，我的生活很规律：清晨，两小时的体能锻炼；晚上八点半冥想一个小时，十点钟左右睡觉，一日三餐皆为素食。每日，我还会融入大自然的怀抱，进行一小时的快走，感受天地间的和谐与宁静。每逢节气，我便组织徒步或登山活动，与朋友们共享大自然的鬼斧神工。

其余时间，我则投身于公益活动，用自己的力量温暖他人。当有人向我求助，无论是情绪疏导、心态调整，还是亲子教育、家庭关系调和，只要时间允许，我都乐于伸出援手。因为我知道，帮助他人，实则也是在丰富自己的精神世界，收获无尽的喜悦。

生命是一场永不停歇的旅程，只有卸下肩上的重担，我们才能轻装上阵，让每一刻都充满意义，不虚此行。面对生活的种种挑战，我始终怀揣一颗积极勇敢的心，因为我知道，来到这个世界，就是为了体验这一切。只有勇敢地去体验，我们才能收获不同的人际关系、财富、心灵的成长、自由与快乐。

回首过往，那些看似不堪回首的往事，甚至是灾难性的打击，都成为我成长的垫脚石。只要我们能调整心态，放下得失，全力以赴去做自己能做的事情，那么无论身处何种境地，我们都有能力绝境逢生，再创辉煌。

在此，我愿以我的亲身经历，为正在阅读这篇文章的你带来一丝光亮。希望我的故事能对你及你身边的人有所启发和帮助。同时，我也深深感激与你的这次遇见。因为你的阅读，正在帮助一个曾经的癌症患者实现她的梦想。这份遇见，是我们之间最美好的缘分。感恩相遇，愿我们的生命都能因体验而更加精彩。

刘媚，微信号：Liumay2768。乐道茶业主理人，壹起赚供应链公司创始人，茶艺师，中级茶疗师。十一年创业经验，曾带领几十位经销商在世界各地游学，擅长团队运营、爆品打造。

03 坚持努力，实现人生转变

我是一个地道的湘妹子，在深圳这片机遇与挑战并存的热土上，摸爬滚打、奋力创业长达十一年。这十一年的光阴，就像一部情节曲折、引人入胜的纪录片，每一幕都记录着我的成长与蜕变。

1. 坚持努力，财务自由

回溯到 2008 年，我孤身一人，背起行囊，从繁华喧嚣的广州启程，历经近十五个小时的漫长飞行，抵达了加拿大多伦多。当我走出机舱，映入眼帘的景象却与我想象中的繁华大相径庭。这座城市显得空旷而陌生，仿佛是一个被世界遗忘的角落，让我心中不禁涌起一股强烈的孤独与失落。

　　然而，这样的失落感并未使我退缩。在多伦多的日子里，我一边刻苦学习，一边开始了创业。我敏锐地捕捉到了国内外贸易的商机，将中国独具特色的商品销往国外，同时，每次回国时，也不忘将国外的优质产品带回国内。这个过程虽然充满了艰辛与挑战，但我凭借着坚韧不拔的毅力和敏锐的商业嗅觉，逐渐在市场中立足，成功赚取了人生的第一桶金。

　　多伦多是座多元文化交融的城市，不仅见证了我的事业起步，更是我爱情的摇篮。在这里，我邂逅了现在的丈夫。我们在校园里相识，共同的追求和理想让我们的心灵逐渐靠近。从最初的相互欣赏，到深入的了解，再到彼此倾心，我们的爱情在异国他乡绽放出绚烂的光彩。记得有一次，我们因小事发生争执，在寒冷的冬日里，我生气地想离家出走。然而，令我意想不到的是，他竟然赤裸着上身站在零下二十摄氏度的门外，只为了求得我的原谅。他的真诚与执着融化了我心中的怒火，那一刻，我深知，这个人将是我一生的伴侣。

　　毕业后，我们携手步入了婚姻的殿堂，不久便迎来了爱情的结晶——我们可爱的孩子多多。为了给家人创造更好的生活条件，我毅然决然地选择回国发展。

回国后的创业之路并非一帆风顺。最初，我选择在河南的一座小城作为创业的新起点，那里对我来说全然陌生，没有亲人，没有社交圈，更无资源可依。丈夫当时忙于自己公司的事务，无暇他顾，我只能孤军奋战，从发放传单这一最基础的工作做起。每一张传单都承载着我对未来的憧憬，每一次遭遇拒绝则成为我成长的砺石。

我从未有过放弃的念头，始终坚信付出终会有回报。渐渐地，我组建起自己的团队，客户群也日益壮大。从最初的门可罗雀，到后来客户数以万计，这背后凝聚的是无数个日夜的不懈奋斗与努力。

记得刚开始的时候，和朋友出去聚会，我常因不熟悉当地风俗和方言而显得格格不入，交流受阻，大家对我敬而远之。然而，这并未让我气馁，反而激发了我更加努力提升自己能力的决心。我凭借专业的知识与真诚的态度，赢得了每一位朋友的信赖。一年之后，情况发生了翻天覆地的变化，大家争相与我见面，并且还推荐了更多的人来与我见面，渴望从我这里获得更多有价值的信息与资源。

随着事业的蓬勃发展，我转战深圳，成立了自己的公司。我带着来自五湖四海的代理商，走遍世界各地，深入企业源头参观考察，只为将性价比最高的优质产品带给大家。我们秉承"结交志同道合之友，汇聚资源，共创财富"的理念，虽面临重重困难与挑战，但团队的力量让我们始终勇往直前，无惧风雨。

在公司如日中天之际，我又着手创立了自己的品牌。那段时间，我几乎将全部心血倾注于工作中，废寝忘食、忘记休息成为生活常态，但所有的辛勤付出都换来了丰厚的回报。短短三个月内，我们的销售额便突破了三千多万元，这一成就让我备感自豪与欣慰。

2. 克服内耗，提升执行力

由于精准捕捉到了项目机遇，加之不懈的努力，我逐渐形成了这样一种观念：在能赚钱的时候，就应不遗余力。销售额的突飞猛进让我陶醉于成功的喜悦之中。其间，身边总是围绕着许多朋友，他们带着各种项目，以合作及合伙的方式找上门来，而我也都接受了他们的提议。然而，由于我对这些项目背后的深层逻辑理解不足，分析不够透彻，再加上对朋友的过度信任，最终导致这些项目均以失败告终。在那段时期，我踩了不少坑，造成了巨大的经济损失。

举个例子，当时我和朋友合伙做了一款鞋子，首次销售异常火爆，数据表现出色，客户反馈也十分积极。随后，客户对另一款鞋子产生了兴趣，朋友便提议再次合作。尽管我有些顾虑，但考虑到客户声称的需求量巨大，最终还是决定放手一搏。

从新款鞋子的设计、选材、打样到最终生产，整个过程耗时很长。最后，一共做出 16000 双成品。客户花了大力气销售，尝试了各种方法仅卖出 2000 多双。由于这款鞋子在材料选择上极为考究，成本很高，再加上特殊时期人们的消费观念转变，客户建议我亏本出售，但我当时不愿亏本出售，导致仓库至今仍积压着大量库存。最终，客户放弃了继续销售，这个项目让我们亏损了几百万，同时也给我带来了深刻的教训。

这次经历让我明白，市场是瞬息万变的，节奏极快，虽然我拥有丰富的市场经验，但仍需根据市场的变化和规律来做事。当发现销售受阻时，应学会及时止损，立即采取措施处理库存，而不能抱有侥幸心理，拖延时间；还让我认识到，不能一味追求快速赚钱，而应顺应市场发展规律，能真正地解决人们的实际问题和痛点，才是长久之计。

在那段受打击的时间里，我有幸遇到了小牛妈妈，那是一段奇妙的经历。通过写日记的方式，我逐渐明确了自己的目标，并从中走了出来。

某日清晨，天还未亮，我登上了人生中的第一次早班飞机出差。在候机室里百无聊赖的我，随手点开了手机朋友圈，瞬间被小牛妈妈的一篇日记所吸引。怀着好奇的心情，我翻阅了她几个月的朋友圈，内心不禁产生了强烈的共鸣和心动的感觉。

出差回来后，我迫不及待地联系了小牛妈妈。让我惊喜的是，她竟然住在我家附近，步行仅需 10 分钟。我们约在家附近的肯德基见面，言语间我感受到了她的耐心、真诚、朴实无华，看到了她的那种乐于助人的精神。我没有丝毫犹豫，当即决定加入她的平台，成为 VIP 合伙人。

起初，写日记对我来说只是断断续续，总是容易三分钟热度，没有形成稳定的习惯，难以持之以恒。但是，我参加了 21 天训练营后，情况发生了根本性的改变。

首先是坚持的力量。在团队的激励和监督下，我逐渐养成了写日记的习惯，如今已经坚持写了 800 多天。我逐渐克服了自己的弱点，养成了无论做什么事情都能坚持下去的习惯。我开始坚持看书、坚持锻炼、坚持练瑜伽，甚至还考取了瑜伽教练证。

其次，我结识了许多充满正能量且志同道合的朋友。他们来自不同的行业和背景，有着积极向上的人生态度和对美好生活的追求。我们相互学习、相互鼓励、相互支持，在这个充满温暖和爱的大家庭里共同成长。

再次，写日记让我自身发生了巨大的变化。800 多天的记录与反思，让我的思维变得更加清晰敏捷，执行力也得到了显著的提升。曾经的我，常常陷入琐事的困扰中无法自拔，而现在的我更加明确自己的目标和方向，能够果断地做出决策并付诸行动。我喜欢制订计划并总结反思自己的每一天，这让我的生活变得更加充实而有意义。工作效率的提高、逻辑思维的严谨以及面对困难时的从容不迫，都是写日记带给我的宝贵财富。每当遇到难以消化的事情时，我都会通过写日记的方式将内心的烦恼和纠结倾诉出来，写完之后仿佛心情得到了极大的疗愈和释放。

最后，对孩子产生了积极的影响。由于我对写日记和做规划的热爱，孩子也在无形中受到了影响。如今，刚上小学二年级的他，每天都会主动提出要自己安排日程，无论是做作业、背诵古诗词、运动还是玩耍，他都能进行规划。我深信，一个乐于制订计划、善于总结，并能坚持写日记的人，其人生道路定会精彩。

回望我的前半生，我经历过成功的喜悦，也品尝过失败的苦涩；有过朋友的鼎力相助，也有过朋友的温馨陪伴。我曾在商海中赚取过丰厚的回报，也曾因投资失利而损失过财富。但正是这些经历，锻炼了我的内心，使我变得更加从容与淡定，也让我更加清晰地认识到自己的使命与责任。

父母曾经告诉我们，要克制自己，成全别人，做不为难别人的事，却很少鼓励我们坦诚地表达自己的心意。然而，事实却是，我们应该勇敢地告诉对方，告诉我们在意的人，我们内心的真实想法和愿望。写日记让我更加深入地了解自己，也让我更有勇气面对自己的内心。

我认为，女人的独立是魅力的源泉。精神上的独立和经济上的独立，是我一直追求的目标。当我走出家门，以自信和优雅的气质示人，当我的钱包里装满的是自己辛勤劳动换来的报酬时，我深刻体会到，哪还有时间去患得患失，哪还有时间去猜疑揣测。只要我们全心全意地投入自己的生活中，不断提升自我，精彩的人生自会如约而至。

3. 坚持挑战，融合理念

长期的熬夜和高强度的工作，让我的身体逐渐亮起了红灯。一次体检中，查出了一些毛病。那一刻，我如梦初醒，开始意识到健康的重要性。

身体的不适让我开始重新审视自己的生活方式和工作节奏。我深知，没有健康的身体，一切的成就都将失去意义。于是，我决定放慢脚步，关注自己身心的健康。

我开始注重饮食，摒弃那些不健康的食品，选择新鲜、天然的食材。为了更深入地了解健康饮食的知识，我报考了营养师，希望能为自己和家人朋友制订更科学合理的饮食计划。

在这个过程中，我萌生了一个新的创业想法——创立自己的健康饮食之路。我的理念是用真材实料，传播中华茶饮文化。

中华茶饮文化源远流长，蕴含着丰富的内涵。我希望通过自己的努力，让更多的人了解和喜爱健康的饮品。为了实现这个目标，我走访了各地的茶园，与茶农交流，了解不同茶叶的特点和种植过程。我精心挑选每一片茶叶，确保其品质上乘。同时，我还深入研究传统的茶饮制作工艺。

在这个过程中，我结识了许多志同道合的朋友和合作伙伴。他们有的是茶艺大师，有的是营养专家，有的是营销精英。大家因为共同的理念和目标走到一起，为了传播中华茶饮文化而努力。

在产品的研发过程中，我遇到了许多困难和挑战，比如如何在保证口感的同时，最大程度地保留产品的营养成分；如何让茶饮更符合现代人快节奏的生活方式；如何让更多的人接受和喜爱中华茶饮文化等。

经过无数次的尝试和改进，我终于推出了一系列独具特色的健康茶饮产品。为了推广这些产品，我积极参加各种展会和活动，向消费者介绍中华茶饮文化的魅力和健康价值。随着时间的推移，我们的产品逐渐得到了市场的认可和消费者的喜爱。但我知道，这只是一个开始。未来的路还很长，需要不断地创新和努力。我希望更多的人受益于中华茶饮文化。

回顾自己的创业历程，从最初的贸易生意到现在的健康茶饮，每一次的转变都是一次成长和突破。虽然过程充满了艰辛和挑战，但正是这些经历让我变得更加坚强和成熟。

我相信，只要坚持自己的梦想，不断努力，就一定能够创造出更加美好的未来。在追寻健康与梦想的道路上，我将永不止步，用自己的行动诠释着对生活的热爱和对未来的期待。

第 5 章

拓展思维训练，坚持高效输出

写作不仅是一种表达思想的方式，更是一种可以转化为实际收入的技能。

无论你是自由职业者、企业家，还是对写作有兴趣的普通人，学会写作都能让你的知识和创意转化成可观的收入来源。在下面的故事中，你将看到学会写作、克服拖延和懒惰，掌握高效阅读的核心理念和实用方法。这些方法将有助于你的工作和生活。

梁家玲，微信号：liangjialing28。毕业于华南师范大学学前教育专业，专注幼儿园保育工作十四年，坚持写日记四年，影响 1000 多位同频爱好者加入写日记行列，坚信通过写日记持续地记录和反思，能够更好地提升生活质量。

01 学会写作，写出个人影响力

我曾经是一个在作文课上被老师批评得无地自容的小女孩。在那个贫困的小山村里，我的家庭并不富裕，父亲体弱多病，母亲靠做些小生意维持家用。我是家里的老大，家人并不支持我上学，从小就要帮着干活。

记得有一次，我偷偷拿家里的钱去交学费，结果被妈妈发现后追着打。那次的经历在我心中留下一道难以治愈的伤痕。然而，生活的压力最终让我不得不辍学，这也成为我内心深处挥之不去的痛。但即使如此，我对知识的渴望并没有因此熄灭。

1. 学会写作，改变命运

16 岁那年，我决定走出那个小山村。我乘坐大巴车来到东莞，希望通过打工改变命运。在东莞的工厂，我成为一名流水线工人。在工厂工作的那段时间，我感觉自己被困住了，每天都仿佛在重复一个固定模式——早上六点钟起床，匆忙地洗漱后，赶往工厂，一天十几个小时的工作，每个步骤都严格按照规范，机械地进行着，晚上拖着疲惫的身体回到宿舍。

语言不通、环境陌生，简陋的房间里只有一张小小的床铺和几件简单的家具。躺在床上，我的内心充满了恐惧和孤独，想着自己的未来，眼泪不经意间滑落。

在工厂的流水线上，我遇到了许多和我一样为了生活拼搏的人。我们彼此鼓励，分享各自的梦想和希望。渐渐地，我开始思考，是否有其他的出路可以让我走出这种生活的困境。我意识到，只有通过学习和不断提升自己，才能真正改变命运。

于是，我开始利用业余时间学习，考取了中专和大专学历。在那段艰难的日子里，我学会了坚强，也认识到了知识的力量。虽然那段日子很辛苦，但我深知，这是我走向更好生活的必经之路。

2. 坚持不懈，实现突破

几年后，我离开了工厂，寻找更好的发展机会。后来，我结婚生子，为了照顾孩子，我进入了一家幼儿园，成为一名保育员。幼儿园的工作虽然没有工厂那么辛苦，但也并不轻松。每天面对一群活泼好动的孩子，既要照顾他们的饮食，又要负责他们的学习和安全。尤其是遇到一些调皮的孩子，常常让我感到头疼。但看到他们天真的笑脸，我的内心又充满了满足和幸福。

在幼儿园工作期间，园里要求每个月都要写随笔、计划和总结，但我不会写，只能从网上抄。有一次抄得和同事一模一样，领导严厉地批评了我们。这件事让我意识到，必须提升自己的写作水平。

恰逢此时，东莞的"圆梦计划"给了我一个机会，让我成功考上了华南师范大学学前教育专业，并成为幼儿园里学历最高的保育员。通过华南师范大学的学习，我积极参加各种活动和培训，不仅学会了科学的幼儿教育方法，掌握了更多的育儿知识，还帮助我在工作中得心应手，也让我在育儿方面更加专业。后来，我开始写一些教育随笔和心得体会，慢慢地，写作不仅成为我宣泄情感的方式，也让我逐渐找到了自己的声音和表达方式。

后来我加入日记星球写日记，平台要求每人每天必须要写，不写就要罚款。在一次身体不适时，我为了完成任务，就写了一篇简单的日记："恐怖的中午，今天中午上吐下泻，差点坚持不下来，但不交作业会被罚款，只好写下来。"这篇流水账式的日记引起了很多人的关注，大家纷纷关心我，让我感到了前所未有的温暖，也让我遇到了很多志同道合的人。

在这个集体里，我学到了很多。尤其是小牛妈妈，她的鼓励和指导让我明白了写作的重要性。她告诉我，写作不仅是一种表达，更是一种力量。受她的影响，我开始有意识地学习如何提高自己的写作水平。

3. 写作与销售结合，成就事业

写作是实现自我价值的重要方式，更是最低成本的创业方法。在我的朋友圈里，有两类人：一类是没有自信，不知道如何开始写作的人；另一类是已经具备一定的写作能力，但尚未将其转化为实际收益的人。于是，我下定决心要帮助他们通过写作实现自我突破和创业梦想。

对写作不自信的人，他们常常说："我不会写，我不知道写什么。"面对这样的情况，我通常会告诉他们："写作是最低成本的创业，写作是梳理思路的基础。你只需要坚持写，就能逐步打造和扩大你的影响力。"

对已经具备一定的写作能力的人，我会建议他们使用语音转换成文字的方法。手机现在都具备语音输入功能，只要对着手机说话，系统就能将语音转换成文字。我告诉他们："只要花十分钟时间，你就能轻松写出 1000 个字。"通过这种方式，很多人开始尝试写作。

写作和其他技能一样，需要时间和实践的积累。坚持写作，能达到从量变到质变的效果。很多人在我的鼓励下，逐渐找到了写作的乐趣和成就感。这里给大家提供两个简单易行的方法。

第一个方法是"写你所做，做你所写"，意思是，把你每天在做的事情记录下来，然后按照这些记录去扩充，比如你的情感描述、你的反思、你的行动过程等，这样一来，写

作就变得非常简单了；第二个方法是"黄金比例法则"，即
40% 的专业知识，30% 的个人生活，30% 的客户见证和产品
信息。

- 40% 专业知识：写作时，首先要展示你的专业能力。
  无论你在哪个领域工作，都可以将你的专业知识和经
  验分享出来。这样不仅能够展示你的专业水平，还能
  吸引到对你领域感兴趣的读者。
- 30% 个人生活：写一些你个人生活中的点滴。这样
  可以让读者感受到你的真实性和亲和力。生活中的小
  故事和感悟，能够让你的文章更加生动、有趣。
- 30% 的客户见证和产品信息：写一些客户的见证和
  你所推广的产品信息。这部分内容不仅可以增强读者
  对你的信任，还能帮助你实现产品的推广和销售。

在我的朋友圈中，有一些人本身写作能力很强，比如博
士、硕士，对于这些高能量的人，我会采取不同的方法，帮
助他们扩大影响力，提高个人业余收益。

在平台写作这四年里，我也遇到过各种各样的困难。比
如，有时候身体不适，甚至生病；有时候需要学习，时间紧

张。但对我来说，这些困难都不是问题。我坚持参加每一次活动，从不缺席。因为我相信，只要有决心和毅力，没有什么困难是克服不了的。无论你现在处于什么样的困境，只要你坚持写作，坚持记录，坚持表达，你一定能找到属于自己的光芒和未来。

我希望通过自己的故事，激励更多的人追求自己的梦想，勇敢面对生活的挑战，走出自己的成功之路。

星颖，微信号：gllxy3766。心理咨询师二级，高校退休教师。曾帮助 500 多人走出迷茫，找到自己的优势；帮助 150 多个孩子解读性格天赋，使亲子关系变得和谐。坚持写日记 591 篇，公众号原创文章 237 篇，持续输出中。

02 为自己而写，克服拖延与懒惰

在人生的漫长旅途中，写作不仅是记录与表达的方式，更是个人成长的催化剂。它如同一面镜子，映照出我内心的世界，也如同一座灯塔，照亮我前行的道路。然而，在追求写作梦想的道路上，拖延与懒惰却常常成为我前进的绊脚石。

1. 面对挑战，从拖延和懒惰中成长

记得在青春岁月里的我，总是揣着一个厚厚的笔记本，里面写满了我的喜怒哀乐。那些文字，或许并不成熟，甚至有时显得稚嫩，但它们却是我心中最真挚的情感流露。我热

爱写作，因为它能让我在文字的世界里找到自我，让我的思绪如同风筝一般，在蓝天上自由翱翔。

梦想的道路并不总是平坦的。我的身体状况一直很糟，从三岁患上哮喘病之后，十天半个月就会生一次病。

记得小学四年级的时候，有一次因为生病，两个半月没去上学。每当病痛来袭，我便会感到万念俱灰，没有读书的心情，更别提写作了。

中学时代，我的作文经常被语文老师当作范文，在课堂上念给全班同学听，这让我对文字更加热爱，看到好词好句、好的歌词，我都会用笔记下，以便用到自己的文章当中。我梦想着有一天，能够用文字书写出属于自己的故事，让更多的人感受到文字的魅力。这个梦想如同一颗种子，深深地扎根在我的心中，陪伴我度过了青涩的校园时光。

进入大学后，我发现自己对很多事物都充满了好奇心，于是参加了艺术体操的选拔、乒乓球队选拔、游泳队选拔、足球队选拔，同时还加入了书画协会并担任理事。这些活动让我忙得不可开交，但同时也让我体会到自己的精力有限。慢慢地，写作被我放下了。

毕业后，我进入了一所高校工作。虽然工作繁忙，但我依然梦想着有一天自己能写出好的文章。工作的压力让我难以抽出时间，于是我开始用各种借口来逃避写作，比如"工作太忙""没有灵感"等。慢慢地，写作的这颗小芽越来越瘦，甚至变得有点干枯。

退休那年，一时间，茫然不知所求，我开始在网络上学这学那，但还是没想起写作，这一晃就过了三年。之所以拖延写作，是因为内心深处的恐惧和缺乏自信，我害怕这么多年没写，自己写出的文章无法得到他人的认可。这种自卑的心理让我对自己的写作能力产生了怀疑和否定。

我知道这样下去并不是办法，必须正视自己的恐惧，于是尝试调整自己的心态，告诉自己写作是一种享受而不是负担，得先行动起来；制订具体的写作计划并坚持执行；加入一些写作社群与其他作者交流心得和经验。经过一段时间的努力，我重新找回了写作的乐趣，也让我开始勇敢地面对自己的不足和挑战。

2. 通过记录生活找到内心平静

那是 2022 年 11 月的一个午后，瑜妈给我介绍了日记星球。这是一个鼓励人们记录生活、分享心情的平台。我于

2023 年 1 月 2 日，开始了自己的日记之旅。

　　起初，我对写日记并没有太多的期待，只是想着每天能够坚持写点东西就可以了。当我拿起手机开始记录时，却发现这是一种前所未有的体验。我把自己的所思所感、所见所闻都倾注在日记里，让文字跳跃了起来。这种倾诉的过程让我感到无比轻松和愉悦，仿佛卸下了所有的包袱，心灵得到了彻底的释放。

　　随着日记的逐渐积累，我开始注意到内心的变化。我发现，写日记不仅让我更加了解自己，也让我学会了如何面对自己的情感和情绪。当我感到孤独或焦虑时，我会打开日记，寻找那些曾经记录的美好时光，让自己重新找回勇气和力量。

　　同时，我也意识到，写日记是一种非常好的写作练习方式。通过每天的记录，我逐渐掌握了写作的技巧和方法，让我的文字更加流畅和生动；注重并加强语言运用、优化结构安排等方面的训练；反复推敲每一个句子、每一个词语，力求让文字更加生动、准确；关注文章的结构和逻辑，让文章更加清晰、连贯。一段时间后，我开始尝试写公众号文章，写一些生活小哲文，让自己在文字的海洋中畅游。

我们都知道，养成写作习惯并非一蹴而就的事情。在坚持写日记的过程中，我也遇到了很多困难和挑战，有时会因为缺乏灵感而感到焦虑；有时会因为时间紧张而无法按时写。但是，我从未放弃。我告诉自己，只要坚持下去就一定能够克服这些困难。后来，我开始尝试阅读更多的书籍和文章来激发灵感；开始更加合理地规划时间。

我感谢这个平台，感谢那些与我一起分享日记的伙伴们给我带来的支持和鼓励。我相信在未来的日子里，我会继续坚持写日记，用文字记录生活的美好和感动。

天有不测风云，人有旦夕祸福。2023 年 1 月，我的挚爱突然离世，我瞬间感到我的天塌了……

在那段日子里，日记成了我平复情绪的避风港。每天，我都会坐在书桌前，通过文字来倾诉，学会了如何面对失去亲人的痛苦，如何调整自己的心态，让内心重新回归平静。从他离世到下葬完毕，只用了七天，我也在这七天里体会到了人间的各种冷暖。写日记的过程，让我体会到文字具有强大的治愈力量，帮助我走出心灵的困境，让我重新找回生活的勇气和希望。

在平复情绪的同时，我也希望通过自己的经历去影响和帮助更多的人。作为一名数字心理咨询师，我开始尝试在日记中融入数字心理学的知识，分享一些实用的数字识人技巧和方法。在这个过程中，我遇到了一些志同道合的伙伴，彼此相互鼓励、相互支持，一起通过写日记提高自我管理能力。

3.持续进步，设定目标

在这一年多的写作旅程中，我有幸在平台公众号和美篇平台上得到了作品推荐和荣誉。这些荣誉对我来说意义非凡，它们不仅是对我写作能力的肯定，更是对我坚持和努力的认可。其中有一篇《一屋不扫 何以扫天下》，许多读者在阅读后表示，他们从我的经历中找到了自己的影子，也受到了很大的鼓舞和启发。每当我看到这些荣誉时，我都会感到无比激动和自豪。这些正面的反馈让我更加坚信，写作是一种非常有价值的自我疗愈和成长方式。

写作是一项需要持续努力和坚持的活动，克服拖延症并提升写作水平，对于每一个热爱写作的人来说，是至关重要的。

我在运营自己的公众号时，就遇到了严重的拖延问题。

为了克服这个问题，我给自己设定了每天完成一篇文章的目标，先不管写什么内容，每天晚上 12 点前必须完成，若完成不了，第二天一定要补上。我坚持每天按照计划执行，不断督促自己保持自律，也让平台的伙伴们监督我。我做了以下几件事：

（1）设定明确目标：明确的目标是克服拖延的第一步。我们需要清晰地知道自己想要达到什么目的，这样才能更有针对性地去制订计划和行动。例如，我们可以设定每天完成一篇短文的写作目标，比如每天完成 100 字，或者每周完成一本书的读书笔记，抑或写一篇公众号文章。

（2）制订计划：有了明确的目标之后，我们需要制订详细的计划。计划应该包括具体的时间安排、任务分配以及执行步骤等。制订计划的过程中，我们可以借助一些工具，如日历、待办事项清单等，来帮助我们更好地管理时间和任务。

（3）培养自律：自律是克服拖延的关键。我们需要学会抵制诱惑，坚持按照计划执行。当我们遇到困难或者想要放弃时，可以告诉自己："再坚持一下，我就能完成任务了。"这样的心理暗示可以激发我们的动力，让我们更有信心去克服拖延。如果自律不够，就靠他律。

（4）先完成再完美：在写作过程中，我们不要过分追求完美而忽略了完成的重要性。只有先完成作品，我们才有机会对其进行修改和完善，使其更加接近完美。不要害怕失败和批评，只有不断地练习和反思，我们才能不断提高自己的写作水平。

当我回首这段写作旅程，从青涩的中学时代到如今的退休生活，每一个字、每一句话都仿佛带着岁月的痕迹，诉说着我的成长与变化。它让我更加关注生活的细节和美好，更加珍惜每一个可以表达自己的时刻。

通过写作，我克服了拖延和懒惰的困扰，找到了属于自己的写作节奏和方式；通过写作，我学会了更好地与自己对话，能更深入地探索自我和周围的世界。收获的荣誉和认可让我更加坚定了自己的信念，让我更加有信心地继续走在写作的路上。

展望未来，我仍然满怀激情和期待。我希望能够通过文字与更多的人分享我的故事和感悟，让更多的人感受到写作的力量和美好；我还会不断挑战自我，探索更多的写作风格，争取写出更好的文章。

　　在此，我想对每一位热爱写作的朋友说：无论你现在处于什么阶段，无论你的写作水平如何，都请勇敢地拿起笔来，为自己而写。不要害怕表达，不要畏惧失败。相信自己的才华和潜力，用文字书写属于你自己的人生精彩。

禹铭，微信：zixi3431。禹铭妈妈宅商学院创始人，十一年线下实体经验。家庭教育辅导师，高级绘本教育指导师，高级心理咨询师，高级演讲口才培训师。五年时间帮助近百位孩子从不自信到自信。

03　掌握高效阅读，在忙碌中找到宁静

在当下这个快节奏的时代，有些人渐渐远离了阅读，日复一日地沉浸在手机与电脑的屏幕前，不断刷着短视频，而这样的生活方式无法让我们的思维宁静。

或许你也有过类似的经历：被某本书的标题深深吸引，兴冲冲地买回家，却连封面都未曾翻开；又或许，你翻开了前几页，但随后便将它遗忘在角落，任由它在书架上积累尘埃。曾经的我，也是一个长达十年几乎不碰书籍的人。然而，如今的我已能在一年内轻松读完 30 本书，并且掌握了一套高效的阅读方法，这不仅丰富了我的知识，还提升了我的领导力。诚然，对于某些读者而言，这个阅读量或许不足为奇，但对我这个曾经十年难读一本书的人来说，这无疑是

一次巨大的飞跃与成就。

1. 设立阅读目标，激发内在动力

我在读第一本书时，阅读得很困难。于是，我设立了一个目标，不仅要自己读，还成立了读书会，带着别人一起读，以此来倒逼自己。读书会中，我设置了每日共读的时间点、具体的流程、书的阅读方法、开营 / 结营的标准以及读完要写的感悟。

读书会从创办到现在整整一年的时间，我带着 20 多位伙伴一起共读。这 20 多位伙伴，我一个一个地去私聊，最后大家才聚到了一起。我们一年共读了 12 本书，而我个人在这个过程中读完了 30 本书。

第一位伙伴，也是我现在读书会的合作伙伴，我与他是在一次付费课程中认识的。他很认同我的这个提升阅读力的理念，想给孩子做个榜样，也想提高自己写文案的能力。就这样，我们一拍即合策划了第一期免费阅读营。

第一期阅读营的主题为"感恩"。我们发现很多人缺少内在力量，所以决定先从提升能量开始，21 天围绕着感恩不同的人、事和物进行。我们所选的书为《力量》，然后我以视频直播的方式每天做一个小时的拆解，将书中的"怎样去感恩？为什么去感恩？感恩哪些人？感恩哪些事？感恩的动作有哪些？"进行具体阐述。

在这 21 天里，很多朋友看到了我们的决心，也看到了我们与其他读书博主不一样的地方，有的朋友通过这 21 天的共读和孩子的关系变得更好了，有的朋友通过共读发现自己的内心变得更加柔软……共读会的反响特别好，在结营时，我们进行了一次感召，有近 20 位伙伴愿意付费跟我们一起共读。

为期一年的读书会，我们用了两个月的时间收集书单。书单以四个主题为导向，具体为能量、财富、健康和幸福。

到第三期共读营时，我们 14 天读完一本书，慢慢地，有些伙伴 7 天可以读完一本书。日复一日的积累，我也从一个月读一本书，到一天读完一本书，到最后用四个小时读完一本书。

当我拿到一本书时，我会先看封面、扉页，然后找到目录并认真看完，然后对应目录去拆解每一个章节。比如一本书有八章，为了方便总结，我会把每个章节的小标题全部记录下来，文章中 80% 的内容都是围绕小标题进行展开的。读到金句或者共情的地方，我会将其记下，方便后面总结。

刚开始我也不知道该怎么分享，看完书以后心中会浮现一些思考，但无法用语言总结出来。所以，我最初分享时采取的方法是，当感受不是那么强烈的时候，我会去重复作者的话。一段时间后，我开始模仿作者的话，即将作者的话用自己的语言表述出来，再加入自己的感受，这样可以将书中的知识串联并充分理解。慢慢地，我就可以把整本书 20% 的内容都讲出来了。

2. 运用快速阅读方法，提高阅读效率

许多人在阅读时会感到厌烦，是因为传统的逐字阅读方式不仅耗时，还容易让人失去兴趣。通过实践和探索，我发现了一些方法，可以显著提高阅读速度，同时增强理解和记忆。

（1）快速阅读技巧：

第一种方法：指读法。这是一种有效的快速阅读技巧。这种方法要求我们用食指或中指在文字下方快速滑动，引导眼球跟随手指移动。这样，我们的视线不再是一个字一个字地移动，而是一行一行地扫过。这种阅读方式不仅提高了阅

读速度，还锻炼了眼球的灵活性和专注力。

第二种方法：眼球扫描法。这种方法是指眼球快速从左到右转动，像扫描仪一样快速扫过每一行文字。这种方法要求我们暂时忽略记忆的负担，专注于提高眼球的移动速度和协调性。

第三种方法：手脑协调法。这种方法是指在阅读时，我们的手指随着眼球的移动而左右摆动，这有助于提高专注力和阅读的流畅性。通过这种方法，我们可以更专注于文字，从而提高阅读速度和理解能力。

（2）培养阅读习惯：

阅读习惯的培养非常重要。在养成阅读习惯时，要先培养做标记、记笔记、随时随地记录和总结的习惯。如果不擅长做笔记，可以先从摘抄金句开始。这种习惯不仅有助于记忆，还能帮助我们将书中的知识内化为自己的思考。

快速阅读的目的是更高效地获取信息，但光是快速阅读还不够，我们还需要深度思考和应用所学的知识。在阅读时，我经常问自己："这本书能给我带来什么帮助？我如何将书中的知识应用到实际生活中？"通过这样的思考，就可以更好地吸收书中的内容。

例如，我最近读了一本关于演讲的书籍。在阅读过程中，我给自己设定了目标：了解演讲的技巧，并将这些技巧应用到实际演讲中。当我看完这本书，将其分享给大家时，发现深度思考和设定目标，不仅提高了我的演讲能力，还帮助他人提升了表达技巧。

3. 选择合适的书籍和阅读方法

选择合适的书籍和阅读方法是提高阅读效率的关键。不同的人有不同的需求，我们可以根据自己的职业和生活阶段来选择书籍。例如，职场人员可以阅读关于领导力、表达力和创新力的书籍；宝妈可以阅读育儿类的书籍；企业领导可以阅读管理类的书籍；自媒体创业者可以阅读营销和内容创作类的书籍。

我曾因口才不佳、逻辑混乱而选择阅读演讲类的书籍，并报名学习演讲口才方面的课程。

我通过书中的内容框架，反复打磨自己的话术，并进行实践；通过写逐字稿，并拍成视频来锻炼表达能力。渐渐地，我的表达能力和逻辑能力得到了提升。我还将这些方法分享给身边的人，让他们受益，同时也给予他们指导，这进一步提高了我的演讲能力。

另外，当我的健康出现问题时，我阅读了与健康相关书籍，从中提取相关的方法，慢慢地，我的身体也开始有所改善。

以前的我，既不会读书也不懂选书，面对书店里琳琅满目的书籍常常无所适从。后来，我找到了一个方法：观察身边做社群的朋友，通过他们的标签内容来分类，并据此选择书籍。

比如，我在筹备读书会时，通过书店、朋友推荐以及向爱读书的朋友请教等方式，筛选出自己需要的书籍。

阅读不仅快速提升了我的文字总结和表达能力，还极大地增强了我的自信。曾经，我连 50 字的总结都难以完成，但现在，我能够输出 1000 ~ 2000 字的日记或公众号文章。

我曾读过一本书，书中提到一个作家在初期也是采用类似的方法：选择合适的对标作者，整本书一字不漏地抄录下来，然后模仿和复制该作者的方法，最终写出属于自己的书籍，并成为一名杰出的作家。

因为大脑里有了丰富的知识储备，这让我能够在任何场合自如地表达，这让很多人愿意跟着我阅读，也进一步提升了我的领导力。

通过阅读、写作、演讲和口才的培养，我从一个不看书、不会写总结的人，成长到能够创办个人品牌公司。我将所学融会贯通，并与学员分享。在过去的两年里，我通过语音分享帮助了 1000 多人，精准提炼他们的需求，帮助他们走出焦虑。

如果你看完以上内容，仍然无法静心阅读，我建议你先从听书开始。我已经坚持听书五年，从未间断，只要有时间就会用心去听。在听书的过程中，我会结合自己的工作、生活和实际情况去感受、去实践，运用书中的内容让自己变得越来越有力量。我身边很多朋友也喜欢听书，其实听优秀的老师解读，也是快速吸取知识的方法之一。而且听书可以随时随地，比如做饭、打扫卫生，戴上耳机就可以听你喜欢的或当下需要的书籍，这样能让你更高效地管理时间。

虽然我读的书还不够多，但我对未来三年已经有了清晰的阅读规划。如果你也想通过阅读提升自己，我觉得可以从以下三类书籍中寻找必读书目：

（1）国学类和历史传记类：读国学可以修身养性，提升个人修养，国学经典中蕴含着巨大的智慧；读历史可以了解历史文化，增强思辨能力。

（2）人物传记类：这类书籍通过励志故事，让你看到无限的可能性，为你的人生提供参考，让你不受限制，让你的人生绽放精彩。

（3）励志类和财富商业思维类：这类书籍数量众多，它们可以提升我们的思考能力，升级我们的思维。未来，我们的商业思维会更加敏锐，从而获得更好的发展空间。

阅读给我带来了诸多好处，它加快了我的思维速度，让我更容易静下心来思考。我发现，越思考，思维能力就越强，收获也就越大。只要找对方法，你也会爱上阅读。

第 6 章

坚持极简行动，脚踏实地改变

在现代社会，沟通和表达能力显得尤为重要。本章的这几篇文章，将带你深入了解如何在逆境中汲取力量，寻找内心的光芒，并通过写作和朗读等具体实践，将负能量转化为积极的行动力。文章的作者们分享了从内向害羞到通过写作和朗读找到自信与力量的心路历程，展示了如何通过不断学习和自我提升来应对人生的挑战。

万灵，微信号：dymx121104。坚持朗读打卡 900 多天，用科学发声助力伙伴拥有好声音。坚持写日记 400 多天，并通过文字与声音朗读获得自我成长，完成自我救赎。

01   大声朗读，敢比会更重要

每个人的人生中都有自己的故事和不易，就像生命中存在的裂缝，每一条裂缝都是为了让自己努力透出光。

在这条艰难的路上，有些人选择沉沦在自己的裂缝中，无法从痛苦的深渊走出来，而有些人选择在裂缝中努力透出光芒，使自己变得更加强大和成熟。

回想自己走过的四十年，尤其是近几年，家里发生的变故，可谓是尝过了酸甜苦辣，也看尽了世间的人情冷暖。但正是这些经历让我迎难而上，勇敢地面对人生的每一个挑战。

1. 从逆境中汲取力量

我出生在江西的一个小村庄，是土生土长的南方人。家庭虽然不富裕，但父母用勤劳的双手把我们四个孩子抚养长大。那时，我的爸妈只会默默地干活，和我们沟通的次数很少。我的性格很内向，也不太喜欢说话，说话时声音小得像蚊子叫一样。不喜欢说话还有一个原因就是怕说错，所以从小就言听计从，表现得特别懂事，是妈妈眼中的"乖乖女"。从小学到初中，我总喜欢躲在角落里，不和别人交流，但只有我知道，我的内心其实非常渴望与人交流。

四个孩子都读书，父母供养得很吃力。所以，我读完高中后，便离家去了广州找工作。工作了几年后，在 26 岁那年我遇见了我的丈夫，第二年我们就有了孩子。我放弃了薪水还不错的工作，当起了全职妈妈。后来，又有了两个孩子。全职妈妈这一职业，我一干就是二十年。

我的先生事业发展得不错，于是我们在深圳安了家。亲朋好友满是羡慕之情。我自己感觉上天很眷顾我，让我拥有这么幸福的生活。我也知道，这一切都来之不易，凝聚了我们非常多的汗水和努力。

　　然而，世事无常，2020 年 5 月，命运给我开了一个残酷的玩笑，赠予我一份令人窒息的"礼物"——我的丈夫病倒了。那一刻，我仿佛坠入无尽的深渊，每一刻都沉浸在无助与绝望之中……

　　随后的日子里，我如同一只不停旋转的陀螺，日复一日地在家和医院之间奔波，两点一线的生活压得我喘不过气来。每一步都如同灌铅般沉重，内心的重负几乎令我窒息，我仿佛成了一只迷失方向的小鸟，在生活的密林中徘徊，四周弥漫着无尽的迷茫与彷徨，回家的路似乎变得格外漫长，泪水成了我唯一的伴侣。家中的氛围变得凝重而压抑，我的世界突然失去了色彩。白天，我强颜欢笑，假装一切都好；夜晚，我久久不能入眠。

　　父母看着我日渐消沉，每天都为我忧心忡忡。可是，他们年纪已大，无法给予我太多帮助。每当孩子稍有不如意，我便将坏情绪发泄在他们身上，孩子成了我的情绪垃圾桶。我知道这样对孩子不好，但无法控制自己的情绪。

　　在丈夫生病之前，我身边总是围绕着许多人；然而，在他生病之后，却很少有人愿意伸出援手，真是应了那句老话："富在深山有远亲，穷在闹市无人问。"我在家全职

20 年，从未打理过公司的事务，如今面对这一切，我感到无所适从，内心充满了恐惧和不安。

那个时候我总问自己："万灵，这就是你的命吗？这就是你后半辈子的生活吗？难道你的后半辈子要在这个痛苦哭泣的生活中走下去吗？你再怎么哭再怎么难受，你的另一半也听不见、看不到、感受不到。"

我渴望自己能独当一面，渴望有人能来帮帮我。

2. 用日记与声音朗读找到美好

有一天晚上，我在一个公众号上看到一篇文章，点进去后，文章中的文字充满力量，有声主播更是把这篇文章读得深入人心。其中一段话尤为深刻地烙印在我的记忆中："生活中所有的遭遇，无论是顺境还是逆境，都是上天赐给我们的礼物。它为了塑造我们，让我们成长，让我们变得更加强大。"

或许命运正在考验我，让我在逆龄中成长，让我变得更加强大。后来我成了此公众号的铁粉，每天在很难熬的时刻，就听有声主播读有力量的文字，以此陪伴我继续坚持下去。

听着听着，我不自觉地模仿起主播们的朗读，内心想着"如果我也有这么好听的声音，等以后老了，也可以去朗读，写写文章，生活一定会变得很充实"。慢慢地，这颗兴趣的种子不自觉地在心中发了芽。

心有所念必有回响，而一切就是这么偶然，就像冥冥中注定一样，我的生活有了转机。

2021 年 10 月 29 日，小牛妈妈的直播闯入我的视野。听完她阐述的 3+4 定位分析法后，我仿佛被一股神秘力量牵引，于是主动联系了小牛妈妈，并有幸与她线下见面。小牛妈妈给予我莫大的力量，她对我说："只要你内心充满正能量，便没有什么困难能够阻挡你。"

小牛妈妈让我重拾勇气。就这样，通过小牛妈妈，我意外地开启了互联网学习的成长之路！对声音与文字的热爱，使我在日记中寻得了希望的曙光。

我开始用日记记录生活的点滴，就像找到了一位知心的朋友。每天，我通过文字来感恩、来疗愈，让自己不再沉溺于痛苦之中，而是更多地关注生活中的美好。每一天都充满了新的期待与希望。

通过参加小牛妈妈组织的线下活动，我走出了沉闷的困境，结识了更多志同道合的朋友。他们的优秀与热情让我眼前一亮，仿佛为我打开了一个全新的世界。在他们的感染下，我变得开朗起来，不再畏惧与人交流。

2021 年 10 月 30 日，一个偶然的机会，一个视频吸引了我的注意。我被视频中老师那迷人的声音深深吸引，更被那坚定而有力的语调所震撼。那声音充满了正能量，让我内心的那颗种子迅速长大。我毫不犹豫地关注了老师，并主动与她取得了联系。原来，这位老师专门教授成人声音技巧。尽管我一度怀疑自己年龄已大，也不确定是否还能学习，但内心对学习声音的渴望驱使我迈出了这一步。

就这样，我半信半疑地开始了我的声音学习之旅。我参加了一个为期 15 天的声音课程，有认真负责的导师陪伴。我平卷舌不分，老师不厌其烦地帮我一个字一个字地纠正，最后我还获得了朗读比赛的三等奖。

自从参加声音集训营后，我就像是被施了魔法一样，对改变声音这件事儿上瘾了。每天睁开眼的第一件事就是练习声音晨练操，再找一篇正能量的文章大声朗读，那个感觉就像是给心灵来了一个大扫除，所有的烦恼、压力都随着声音飘走了，这为我的身体注入无限新的可能。

我认真跟着视频里的老师一招一式地学，坚持每天朗读打卡发朋友圈，已坚持了 1000 多天，很多伙伴为我点赞。这让我找到了力量迎接生活，也让我重拾自信。曾经那卡在喉咙里、细如蚊鸣且低沉无力的声音，让我不敢与别人对话。面对之前别人听不清我在讲什么还让我再说一遍的尴尬，如今已化作饱满而富有磁性的声音，让我和别人的沟通更加顺畅。

后来，我尝试将诵读的文章制作成短视频发到网上，意外地吸引了许多朋友的关注与喜爱，这让我感到无比欣喜与感激。就这样，我慢慢走出了阴霾，状态也变得越来越好。特别幸运能够在人生最低谷时遇见声音朗读。由于不断的坚持，慢慢地有其他的伙伴找我和我的老师一起学习声音，前前后后影响了 200 多位声音爱好者。

就这样，我从一个默默无闻、分文没有的全职妈妈，靠声音朗读月入五位数。这不仅是一笔收入，更是对自己声音的一个价值认可。声音让我变了一个人，我也更加喜欢和大家交流。正是这份坚持与热爱，我产生了一些想法，建立了正能量朗读成长群，带着一群志同道合的朋友，每天一起练声音，一起朗读，一起制作短视频，一起赋能，让每个人都变得更加自信、更加有活力。

3. 不断学习专注自我成长

这两年里，我在群里见证了许多和我一样在人生低谷通过朗读完成蜕变的小伙伴，他们向我表示感谢，我的心里充满了幸福和成就感。

有些朋友知道我家里的情况，好奇地问我："看你现在状态越来越好，是怎么做到的？"

我微笑着回答："确实，家里的事情给了我很大的打击，但我也学会了从中汲取力量。我明白，生活总会有起起落落，重要的是我们如何去面对。有些事已经发生了，无法改变，只有化悲痛为力量，去寻找新的出路才是上策。"

后来，我开始专注于自我成长，不断学习，提升自己的能力，接受任何挑战，不再逃避困难，而是将其视为成长的机会。除了通过写日记觉察自己、朗读外，我还通过学习心理学知识疗愈自己，通过学习形象美学找到适合自己的穿衣风格，还慢慢学会了控制自己的情绪，不会因自己不稳定的情绪而影响孩子。

当我变强了之后，家庭氛围也发生了转变。我的父母也慢慢舒展了眉头，久违的笑容也在他们脸上露了出来，丈夫公司那些棘手的事情和需要谈判的问题，我也可以游刃有余地处理了。

现在回想起来，如果当初没有抓住朋友的手，没有选择学习，没有开启写日记，没有学习声音，我现在可能还是那个抱怨命运不公的怨妇。这一切是那么不可思议，走的每一步都是那么的不容易。

现在，我很珍惜眼前的一切，明白了肩上的责任与担当。我相信，只要心中有光、有爱、有梦，只要坚定信念，勇往直前，就没有什么能够阻挡我前进。

鸣妈－周熙曼，微信号：Zixun526520。中华传统经典诵读推广中心（天津）负责人，经典诵读明星考级测评天津中心及师资负责人，深耕国学、家庭教育十三年。

02　听多元声音，激活身体智慧

在茫茫人海中，我们总会有不一样的体验，我也不例外，就像是一只打不死的"小强"。我不愿意在困难面前低头，所以总会在关键时刻找到活下去的理由。

1. 从逆境中崛起

我的故事可以追溯到我在母亲腹中的那一刻。我的意外降临，惊吓了尚未作好准备的母亲，使得我出生后成为她情绪的发泄对象。我的童年常常被噩梦缠绕，身体虚弱到经常晕倒，心中充满了"我是我妈亲生的吗"的怀疑，所以一直想早点逃离那个家。同时，我也立下了一个誓言：长大后一定要成为一位好妈妈。

长大后，我在学习中找到了些许的光明。初中一年级，我成为班里的尖子生。不幸的是，我唯一可以感受到温暖的父亲意外触电离世，我的世界再度崩塌。那一刻，我曾一度产生过跳入长江的念头，但我想起了父亲对我的教诲，以及他对家族兴旺的期待，这些念头让我重新找回了生活的希望。我选择了放弃学业，开启北漂生活。

在北漂的岁月里，我身兼多职，天天加班，从不言累，最终在一家公司稳定下来。我从业务员做起，干到主管，再到经理，最后走上了创业的道路。在创业过程中，我没有小心呵护自己的身体，以至身体出现很多问题。我曾无数次问自己："身体出现这么多问题，我的人生还能够继续吗？"在不断的知识充电中，我才明白，这些问题被称为亚健康。

在内心渴望成为"妈妈"的推动下，我开始将关注点从外在的追求转向内在的成长。与天下所有母亲一样，我渴望在未来有一天能把最好的东西送给自己的宝贝。于是，我开始学习管理、成功、人性到国学，一大堆的知识涌入我的大脑，我以为自己得到了世间的宝藏。

在学习过程中，我遇到了我的伴侣。我希望自己能成为孝顺贤惠的妻子，可却一直活在想证明自己的维度里，总是以关心家人的健康为由，做些自认为很懂的指导。这种高傲的生活态度将我推向了悬崖的边缘。

曾经那个自信的我变得很颓，同时，我的伴侣无法理解我频繁拜师学习的行为，加之双方父母身体出现的种种问题，各种压力和矛盾都集中在了我身上。在这样的情况下，我像一只被困在角落的"小强"，默默寻找前行的路。

2. 自我救赎与内在修复

我的故事是这样的：起初，我购买了大量书籍，堆满了家里的各个角落。我将它们视为最好的化妆品和营养品，营造出了浓厚的文化氛围，缓解了我内心的焦虑。后来，我开始去往全国各地，成为不同名师的学生，参加不同的私教课程，有的甚至疯狂到报了名都没时间去学习。2018 年，我的飞行里程达到了 200 多万公里。随着报的课程越来越多，自己的事业受到了影响，经济上变得有些吃力。我的伴侣对我的这种行为表示反对，而我也感到越来越迷茫和焦虑，于是开始反省。内心有一个声音告诉我："学习必须要坚持到底，只是需要调整一下形式。"

我每天通过阅读来慰藉心灵，以日记作为自我反思的媒介。尽管生活赋予我诸多挑战，但幸运的是，上天赐予了我一个可爱的小天使，成为我精神上的支柱，更让我惊喜的是，还圆了我儿女双全的梦想，这在一定程度上治愈了我童年的伤痛。身为母亲的责任，驱使我一边自我救赎，一边不断提升，那颗曾经迷失的志向之心也渐渐被找回。

心中的火苗被点燃后，我感受到了生命最真实的状态。每一天，我都生活在充满感恩的世界里。在陪伴孩子成长的瞬间，我渴望打造一个能让人变得更好、真正活出自我的平台。令人惊喜的是，海棠到了我的身边。

在她的鼓舞下，我创办了一所学堂。如今，学堂里传来的琅琅读书声，正是我所期望的。看到老师和孩子们在身体与心灵上的进步，我无法用言语形容内心的喜悦。我时刻带着觉知的心，检查自己是否用心做事。我默默地告诉自己，未来的人生里，赚回来的每一分钱，都要带着爱的味道，并且都要以超预期的方式回馈和交付，时刻保持敬业精神为大家做好服务。在这个过程中，我最重要的想法就是帮助他人实现梦想，让他们活出自己的最佳状态。

带着这样的思考，我回想起在大宝胎教期间，我早早地准备了磨耳朵的音响，持续播放，甚至在驾车时也常常听

CD，渐渐发现自己的听力在无形中得到了锻炼，能够同时捕捉并清晰分辨多种声音。随着对身体智慧的深入理解，我边思考边实践，每日清晨三点便起床冥想、阅读、记录、听课。每次出行，我都会打开音频，让耳朵继续接受训练，从最初的被动接收到后来的主动聆听。

在那段时间，曹义昂老师如同一盏明灯，照亮了我的道路。他曾在一次答疑中提到，人体的耳朵拥有 64 根弦，能够同时接收 64 个不同的声音，尤其是在胎儿时期。我对此深信不疑，并且并不认为自己错过了那个黄金时期。这份坚信逐渐转化为行动，我开始尝试在同一场所聆听来自不同方向的不同语言的声音，并发现自己竟然都能清晰感知。

就这样，我的内心逐渐安定下来。在众多的学习内容中，我总是把曹老师的课程放在最优先的位置，尽管课程的内容深奥难懂，需要花费很长时间才能领悟其真谛，但我始终跟着老师不断学习。每当我感到无力或困惑时，总会第一时间向老师请教。有时候，想起老师的教诲，我会感动得流泪，因为在我孤独的人生旅途中，尤其是在精神层面上，老师总能准确理解我的需求。可以说，我的重生完全得益于老师的帮助。

通过外围的学习理论和内心的修炼，我逐渐打开了与妈妈之间多年的隔阂。通过多听和多冥想，我感受到了妈妈将情绪发泄在我身上的原因，其实是她当时的无助、悲伤和恐惧。

3. 听与写的力量

在持续培养听的习惯的过程中，我的感知力、觉知力、思维力以及对能量的敏感度都得到了显著提升，这使我能够看透许多事物的本质，不再被表象所左右，情绪也因此变得更加稳定。于是，我对妈妈产生了深深的敬畏与歉意，心态也日益平和，以往所学的知识开始自然而然地显露出来。这让我愈发喜爱使用听的工具，且不受时间和地点的限制。随着我对妈妈的理解和感激，能量与好运似乎也在向我靠拢。

我鼓起勇气向妈妈表达了我内心真挚的爱与感激，并承诺"只要我活着，每天都会给您发感恩金，以报答您的养育之恩"。那些曾经的不快仿佛一夜之间都烟消云散了。过去，每当我请妈妈帮忙时，她总会以各种理由带着情绪拒绝我，现在妈妈会全力以赴地支持我，甚至主动为我出谋划策。我们的沟通变得异常顺畅，我感激上天给了我报答妈妈的机会，也感谢妈妈接受了我的爱意，这让我内心感到无比安宁。我深刻体会到，爱一个人并不容易，而被对方接受也同样不易。因此，我决心继续践行并遵从自己的内心。

现在，每天醒来，我的左手边是网课的声音，右手边是晨读共修课的声音，身后是当下时代应用知识类的课程声，脖子上挂着的小音响播放着音乐声，右边的橱柜里传来诵读声，左边的橱柜里则播放着功课声。此外，各个角落还放着孩子们听的早教国学的声音。每天早上，最多有 19 个声音同时在我的耳边响起。有时我也会自问：难道不吵吗？但下一秒我就会闭上眼睛感受，发现自己竟然真的能够听清楚每一个声音。这几年坚持晨听的经历，让我对各种晦涩文字的理解也越来越容易了。

无论听到的文字有多么高深，我都能直接抓住其核心。每当我听到同频或高频的信息时，身体的不同部位就会有相应的反应，仿佛能感受到每一个细胞的变化。

举个例子，当首次听到诵读声，我的第一反应便是喜爱，随之腹部自然地随着呼吸起伏。我决定将这个内容置于一旁，让它连续播放一周。某日，当大宝在写作业时，我突发奇想，决定尝试用吟诵的方式去读篆体《论语》。出乎意料的是，我一口气顺畅地吟诵到了第七章，并且感觉吟诵得异常出色。我暗自下定决心，未来在我创办的学堂里，能吟诵的内容绝不简单诵读。这次经历让我感受到身体因吟诵而被彻底打开，孩子们都称赞道："妈妈，你吟诵得太棒了。"孩子的鼓励，让我不再惧怕挑战高难度的学习内容，让我对自己的梦想更加坚定。

　　我将五年来的纸质日记本记录转化为电子日记本记录。同时，我希望能帮助更多的人用文字记录自己的生活，开启自我记录之旅。听与写的力量可以让我们收获很多。最后，感谢那个顽强的自己，我愿持续努力，与大家共同成长！

樊美丽，微信号：meilif1314。美丽生命力技术运动创始人，作为生命力技术运动的领航员，与团队共历 500 天运动之旅，个人精进 990 天，矢志不渝地探索运动的魅力。

03　坚持运动，好习惯带来正能量

我是樊美丽，这个名字似乎预示着某种命运的安排，有一种内外兼修的美。但真正的美丽，不仅仅来源于外表，更是源自内心的光芒和自律的生活态度。如今，每天清晨五点钟，当大多数人还在梦乡中徘徊，我已经开始了自我提升的锻炼。

1. 追求健康的内在觉醒

我出生在一个很温暖的农村家庭，爸爸妈妈的勤劳和朴实影响了我。小时候的我对世界充满了好奇，看到新东西就兴奋，但热情总是来得快去得也快。

尽管这样，我也没太在意，觉得随性也挺快乐的。可时间过得真快，一眨眼就 40 多岁了，回头看看，觉得自己好像什么成就也没有。但现在，我通过运动获得了成就感。我知道，只要坚持，就能让生命绽放出更美的光彩。

在天刚蒙蒙亮的时候，我就开始了"美丽×××"锻炼。它更像是一场让身体和心灵一起醒来的旅行。不用任何器材，只要在家里，随时随地都能做，讲究的是动和静的平衡。

跟着"美丽×××"的音乐节奏，我做了好多精心设计的动作，它们就像是一座座小桥，把我的内心和外面的世界连在了一起。每次深呼吸，每个流畅的动作，都让我更加确定自己的存在。慢慢地，我发现自己不光外表变得更有活力，心里也丰盈了许多，有了以前从没感受过的力量。

朋友们和家人看到我的变化都特别惊讶，总问我："樊美丽，你怎么越来越有精神，越来越亮眼了？你是怎么做到的？"他们的惊讶，就是我变化的最好证明。

真正的美丽不是外表打扮出来的，而是心里充实、生命有活力的表现。通过适合每个人的练习，大家都能发现自己有很多潜力，让生活变得更好，达到内外都美的和谐状态。当然，这样的变化不是一下子就有的。

以前，我也有过特别迷茫、特别累的时候，身体和精神都不在状态，那时候我只知道，我得想办法让自己健康起来。站在人生的十字路口，我突然发现，年轻时候的热情和梦想，好像都被日常生活的琐碎给磨没了。最让我心里不是滋味的，是爸妈的身体状况。爸爸因为以前的伤，现在半身不遂，妈妈的心脏病也越来越严重。这些事实就像一把刀，割得我心里生疼。我开始想，为什么以前身体健康的时候，我不懂得好好珍惜呢？

晚上躺在床上，我翻来覆去睡不着，脑子里总想着一句话："健康，才是人这辈子最重要的。"没有健康，一切梦想与追求都将化为泡影，一切都将失去意义。我决定，不能再这样下去，必须作出改变，不仅要为自己，更要为了那些我深爱的人。

为了保护好这最宝贵的身体，我开始找各种运动的方法。在一次偶然的机会中，我参加了生命力研修课程，感觉就像是命运的安排。这门课程不仅教会了我关于能量与健康的科学知识，更重要的是，它唤醒了我内心深处的渴望——想变得更好、想身体健康、想保护家人。

在课堂上，赵教授的每一句话都让我醍醐灌顶。我开始意识到，健康并不是遥不可及的梦想，而是可以通过实际行动去改变的。每天早上，太阳刚露头，我就跟着赵教授，开始练"美丽生命力技术"的运动。我下定决心，要在健康的路上重新开始，去找那束能照亮我未来的光，去调整自己的身体状态。

正如许多事情一样，开始时的热情往往容易在日常的磨砺中消散。在践行这套运动的过程中，我遇到了不少困难。起初，身体的反应并不尽如人意，肌肉出现酸痛、大量汗液流失，时间安排比较混乱，外界对我产生怀疑……这些都让我几度想要放弃。但每当这个时候，我就会想起父母，想起那些因健康问题而受苦的人，那份坚持的力量油然而生，也让我更加坚定了信念。我意识到，改变不仅仅是身体上的，更是心灵深处的觉醒。于是，我开始记录每一次进步、每一次突破，每日在微信群里接龙打卡。这也让我的引路人——史烜英记住了我。

在她的见证下，我用行动诠释了坚持的意义，这份坚持也成为我俩之间最坚实的纽带。随着时间的推移，我也逐渐感受到了身体的变化。我惊喜地发现，运动不仅改善了我的体态，更提升了我的生活质量；不仅矫正了我的驼背，还让我的身体变得更加苗条。这种从内而外的转变，让我重拾了自信，也让我更加珍爱自己的身体。

2.带领社群共同成长

"一个人可以走得很快，但一群人可以走得更远。"抱着这种信念，我坚持不懈地练习了一年，心中萌生了一个大胆的想法——为什么不将这份热情与更多人分享，共同踏上健康之旅呢？于是，我发起了一项倡议，邀请所有愿意在清晨投入时间，专注于"美丽生命力技术"运动练习的朋友们，一同组建一个线上社群。

大家约定每人出 500 元，我自告奋勇担任"教官"，既是教练，也是引导者，负责带领大家在每天清晨六点至七点这段时间，通过钉钉视频会议的形式，进行集体运动。我准备课件，精心设计引导词，确保每次练习都能顺利进行。初期，我还邀请了一位同样热衷于健康事业的伙伴（有瑜伽教学经验），与我轮流主持，分担教练职责。

这种合作模式不仅减轻了我的负担，也让社群成员有机会接触到不同教练的教学风格，增加了练习的多样性和趣味性。但进行到第二系统时，她因为瑜伽教学时间发生冲突，不得不中断这边的教学，每天只能参加运动的后半场练习。

在无数个清晨，当倦怠和拖延的念头试图占据上风时，是责任感让我坚持了下来。我深知，要让健康的理念深入人心，自己必须得做到言行一致。因此，我没有缺席过一次练习。

出差对于很多人来说，意味着打破了日常节奏，离开了舒适区。但对我而言，这却是检验自我约束力的最佳时机。我利用房间或是户外空旷地带，确保每天的练习不间断。即便是大年初一，我也没有忘记自己的练习。在家人欢聚一堂的热闹氛围中，我选择在清晨时分，提前完成。这不仅没有影响到节日的喜庆气氛，反而成为一种独特的仪式感，让家人对我的坚持有了更深的理解和支持。

有时候，我还会邀请家人一起参与，让他们体验运动带来的身心愉悦，让健康成为家庭文化的一部分。

在我坚持的过程中，王仕华院长的加入成为一个重要的转折点。他在第二系统时加入我们，他的到来为团队注入了新的活力。他的加入使得我们的学员年龄跨度更加广泛，涵盖了 50~80 岁的人群。王院长毕业于清华大学，学识渊博，令人钦佩。尽管他是我们这群人中年纪最大的，但他的精神状态却异常饱满，充满活力。

王院长不仅拥有渊博的知识，还特别喜欢实践。他对于健康的追求就像信仰一样坚定，这种认真劲儿深深地感染了我们。他的一言一行都让我们觉得，要想活得健康、有活力，就得像他那样去做。王院长就像我们的大哥哥一样，时刻为我们指路，让我们明白知识和行动相结合的重要性，只有这样才能让生活变得更加美好。

在他的榜样作用下，我们每个人都更有动力去探索、去实践，让自己的生活充满活力。最终，我和王院长一起完成了整个课程的学习和实践。这段经历不仅加深了我们之间的友谊，更让我深刻认识到，虽然团队规模不大，但只要我们齐心协力，就能发挥出无穷的力量。

这 500 天的过程充满了挑战，每一次练习都像是对意志的一次考验。我们一个接一个地完成百日目标，每完成一个会在练习结束后，预留时间让大家分享，这也是社群中最温暖的时刻。大家畅所欲言，分享各自的感受、疑惑和收获。这些真诚的交流不仅加深了我们对运动理念的理解，还建立了深厚的友谊，让每个人都能感受到被理解和支持的温暖。

随着团队规模的逐渐扩大，我发现传统的边练习边讲解的方式存在一定的局限性。这种方式不仅对教练提出了更高的要求，也使得练习过程变得相对复杂和吃力。为了使团队成员能够更加轻松、自然地跟随练习，我决定采用一种创新的方法——录制配有能量音乐的引导词，让练习过程更加愉悦和高效。

有了这个录制，练习过程变得更加流畅。同时，它还为团队成员提供了一个更加专注的练习环境——通过提前录制好的音频，团队成员能够不受干扰地跟随引导词的节奏进行练习，这既避免了实时讲解可能造成的注意力分散，又确保了练习的准确性和一致性，使大家能够进入同频共振的状态。这种方法的引入，让运动的练习变得更加轻松自然，同时也提升了团队的整体效率和练习质量。

事实证明，有了这个录制，500 天的坚持可以变得更加简单。我们学会了珍惜健康，学会了持之以恒。看着他们脸上的笑容，我知道自己正在做一件有意义的事。我相信，只要大家能够坚持，就一定能够养成好习惯，让运动成为一种生活方式。

在我学习这项运动中，发现有一位师兄，同样怀揣着推广健康理念的梦想，在东莞发起了自己的运动训练。虽然我们身处不同的城市，但我们的心却紧密相连，共同致力于将健康的生活方式传播给更多人。

师兄的训练营比我们晚了 100 多天开始。当我练习第二系统时，师兄还在引导第一系统。师兄的开营给了我极大的鼓舞。每当我完成 100 天的阶段练习，在团队休息的三天里，我都会加入东莞的线上练习，参与他的训练，从他那里汲取新的灵感和动力。到了第三系统时，恰逢春节，师兄告诉我"他不再继续带领了"。

虽然有些遗憾，但我能够理解师兄为何未能将练习持续到更深层次的系统，因为第三系统是五个系统中最具挑战性的一环。通过师兄这件事，我深刻认识到，推广健康理念并非易事，需要巨大的耐心、毅力和正确的引导，也意识到了自己的责任和使命——不仅要成为团队的引领者，更要成为一名不断学习和成长的导师。

尽管面临着诸多挑战，但我从未动摇过自己的信念。我坚信，只要我保持坚定的决心，就能带领更多人加入这项运动，共同探索生命的无限可能。我对自己许下了庄严的承诺：无论前路多么坎坷，我都会全力以赴，帮助团队成员养成良好的习惯，一起走过 500 天，甚至更长的运动之旅。这份承诺不仅是为了他人，更是为了自我超越，为了实现更高层次的健康与幸福。

3. 推广健康生活方式的使命

我们的社群在日益壮大，其影响力也在持续扩展。从最初的寥寥数人，到如今遍布各大城市和地区，我们已发展成为一个充满活力、传递正能量的大家庭。更为重要的是，我们不再局限于个人的自我提升，而是开始深思如何将这种健康的生活方式推广至更广泛的领域，惠及更多人。为此，我们组织了公益讲座，参与健康研讨会，甚至与当地学校携手合作，开展青少年健康教育项目，努力将运动的理念融入人们的日常生活。

在推广健康生活方式的道路上，我们深切感受到了团队的力量以及每个人所肩负的责任。尽管过程中难免会遇到挑战与遗憾，但我们始终坚信，只要保持坚定的信心，勇于承担责任，就一定能够战胜一切困难。我甘愿成为那座桥梁，连接你我，共同书写属于我们的健康传奇篇章。

经历过个人的蜕变与生活的变化，我深切体会到了运动所蕴含的魅力与价值。健康不仅关乎个人，更与家庭的幸福紧密相连。好习惯是通往美好生活的桥梁，它能够激发我们内在的正能量，引领我们走向更加光明的未来。我渴望成为那个引领者，让更多人意识到改变无时间限制，成长永远没有终点。

如果你对健康的生活方式感兴趣，渴望改变，无论是身体上的还是心灵上的，欢迎你一起加入。让我们一起将这份好习惯融入日常，让它成为像吃饭喝水一样自然的存在。我坚信，只要共同努力，就一定能够创造属于自己的奇迹，共同见证生命的蜕变与升华。愿我们每个人都能成为自己生命的艺术家，绘制出属于自己的精彩篇章。

笔记栏